Candidate Experience

Tim Verhoeven
(Hrsg.)

Candidate Experience

Ansätze für eine positiv erlebte
Arbeitgebermarke im
Bewerbungsprozess und
darüber hinaus

 Springer Gabler

Herausgeber
Tim Verhoeven
BearingPoint
Frankfurt am Main
Deutschland

ISBN 978-3-658-08895-8   ISBN 978-3-658-08896-5 (eBook)
DOI 10.1007/978-3-658-08896-5

Die Deutsche Nationalbibliothek verzeichnet diese Publikation in der Deutschen Nationalbibliografie; detaillierte bibliografische Daten sind im Internet über http://dnb.d-nb.de abrufbar.

Springer Gabler
© Springer Fachmedien Wiesbaden 2016

Springer Fachmedien Wiesbaden ist Teil der Fachverlagsgruppe Springer Science+Business Media
(www.springer.com)

Inhaltsverzeichnis

1   Einleitung   1
    Tim Verhoeven

2   Die Theorie der Candidate Experience   7
    Tim Verhoeven

3   Zahlen, Daten und Fakten zu Candidate Experience in Deutschland   17
    Tim Verhoeven

4   Zahlen, Daten, Fakten über Candidate Experience im
    internationalen Kontext   25
    Tim Verhoeven

5   Die Candidate Journey und Touchpoints   33
    Tim Verhoeven

6   Praxisbeispiel Swisscom: Entwickeln einer Candidate Experience
    mit Human-Centered-Design-Methoden   45
    Nicole Hurni

7   Candidate Experience als Projekt   59
    Tim Verhoeven

8   Bridging the Scientist-Practitioner Gap: Einflussfaktoren auf
    die Bewerberakzeptanz bei neuen Technologien am Beispiel
    zeitversetzter Video-Interviews   71
    Falko Brenner

9   Candidate Experience im E-Recruiting 91
Sandra Petschar und Jakub Zavrel

**10 Onboarding als integraler Bestandteil eines systematischen Candidate
Experience Managements** 109
Tim Verhoeven

11 Der Einfluss von Personalberatern auf die Candidate Experience 121
Tim Verhoeven

**12 Ist Candidate Experience nur etwas für große Konzerne? Candidate
Experience Management für den Mittelstand** 131
Tim Verhoeven

13 Praxistipps und Beispiele für alle Kontaktpunkte 139
Tim Verhoeven

**14 Ausblick und eine Bestandsaufnahme von Experten zum Thema
Candidate Experience** 149
Wolfgang Brickwedde, Martin Gaedt, Henner Knabenreich, Bernd Kraft,
Tim Verhoeven und Henrik Zaborowski

Interessante weiterführende Quellen zum Thema Candidate Experience 157

Mitarbeiterverzeichnis

Falko Brenner viasto GmbH, Berlin, Deutschland

Wolfgang Brickwedde Institute for Competitive Recruiting, Heidelberg, Deutschland

Martin Gaedt cleverheads GmbH, Berlin, Deutschland

Nicole Hurni Swisscom AG, Belp, Schweiz

Henner Knabenreich knabenreich consult GmbH, Wiesbaden, Deutschland

Bernd Kraft Monster Worldwide Deutschland GmbH, Eschborn, Deutschland

Sandra Petschar Textkernel B.V. Amsterdam, Niederlande

Tim Verhoeven BearingPoint, Frankfurt am Main, Deutschland

Henrik Zaborowski Recruitingcoaching & -umsetzung, Bergisch Gladbach, Deutschland

Jakub Zavrel Textkernel B.V. Amsterdam, Niederlande

Die Herausgeber

Tim Verhoeven leitet das Recruiting und Personalmarketing bei der Unternehmensberatung BearingPoint. Zuletzt war er als Personalleiter für sämtliche Personalangelegenheiten des Modekonzerns TKN verantwortlich und davor hat er mehrere Stationen durchlaufen in den Bereichen Recruiting und Personalmarketing u. a. beim internationalen Kommunikationskonzern Vodafone und dem Marktführer im Bereich der elektrischen Verbindungstechnik Weidmüller. Er ist ein Vorreiter in Deutschland zum Thema Candidate Experience – als Berater, Blogger (NochEinPersonalmarketingBlog), Autor und Redner.

Abbildungsverzeichnis

Abb. 2.1 Google Suchanfragen Candidate Experience 2010–2015 8

Abb. 3.1 Bevorzugte Bewerbungswege (Bewerber) 19
Abb. 3.2 Bevorzugte Bewerbungswege (Unternehmen) 19
Abb. 3.3 Zufriedenheit mit dem Onboarding 21
Abb. 3.4 Stellenwert von Candidate Experience 22

Abb. 4.1 Wichtigkeit Rückfragen stellen zu können 27
Abb. 4.2 Wichtigkeit wöchentliches Update zum Bewerbungsprozess 27
Abb. 4.3 Net Promoter Score insgesamt 28
Abb. 4.4 Net Promoter Score im Detail 28
Abb. 4.5 Würden Sie Ihre Erfahrungen mit engen Freunden teilen 29
Abb. 4.6 Würden Sie Ihre Erfahrungen via Social Media teilen 30
Abb. 4.7 Empfehlungsbereitschaft 30
Abb. 4.8 Feedbackmethoden nach dem Bewerbungsprozess 31

Abb. 5.1 Das 6 Phasen Modell 36
Abb. 5.2 Candidate journey mapping 37

Abb. 6.1 Illustration der Emotion Curve entlang der Kundenerlebniskette 50
Abb. 6.2 Empathy Map am Beispiel der Zielgruppe ICT-Architekten 53
Abb. 6.3 Visualisierung der Swisscom-Recruiting-Erlebniskette 54

Abb. 7.1 Projektablauf Candidate Experience 61
Abb. 7.2 Priorisierungsmatrix 63

Abb. 8.1 Screenshot Interview Suite 75
Abb. 8.2 Einflussfaktoren Bewerberwahrnehmung 77

Abb. 9.1   Vergleich E-Commerce- und Recruiting-Prozess   93
Abb. 9.2   Anzahl Mitarbeiter der teilnehmenden Unternehmen   94
Abb. 9.3   Auswirkung von Candidate Experience auf Arbeitgeberimage   95
Abb. 9.4   Abbrecher im Prozess   95
Abb. 9.5   One-Klick-Bewerbung   96
Abb. 9.6   Formulare   98
Abb. 9.7   Apply-with-Widget   99
Abb. 9.8   CV-Parsing   101
Abb. 9.9   Baloise   106

Abb. 13.1 Beiersdorf Bewerbungs-FAQ   141
Abb. 13.2 Bertelsman- Ansprechpartner   142

Tabellenverzeichnis

Tab. 2.1   Direkte und indirekte Touchpoints   10

Tab. 5.1   Messmöglichkeiten   37
Tab. 5.2   NPS-Klassifizierung   40
Tab. 5.3   Beispielhafte Berechnung Net Promoter Score   41
Tab. 5.4   Kontaktpunkte Bewerberkommunikation durch ein
Bewerbermanagementsystem   42

Tab. 6.1   Inhalte des Design-Workshops für eine ausgewählte Zielgruppe   52

Tab. 7.1   Beispielhafte Touchpoints für eine Touchpoint-Analyse   62
Tab. 7.2   Ressourcenplanung Candidate-Experience-Projekt   66

Tab. 8.1   Fairnessregeln für Auswahlprozesse nach Gilliland   76

Tab. 10.1 Maßnahmen zum Kontakthalten mit neuen Mitarbeitern
bis zum ersten Arbeitstag   113
Tab. 10.2 Möglichkeiten eines Onboarding-Portals   115

Tab. 11.1 Vorgehen bei der Kandidaten-Auswahl durch Personalberater   124
Tab. 11.2 Ansprache-Methoden von Personalberatern   125
Tab. 11.3 Harmonisierungsprozesse   126

Einleitung

1

Tim Verhoeven

Inhaltsverzeichnis

1.1 Wie es zu diesem Buch kam 1
1.2 Worum es in diesem Buch geht 3
1.3 Wem ich dieses Buch empfehle und wem ich von diesem Buch abraten würde 5
Literatur 5

Zusammenfassung

Dieses erste Kapitel zeigt wie es zur Idee des Buches kam, warum das Thema „Candidate Experience" so wichtig ist und wie das Buch aufgebaut ist.

1.1 Wie es zu diesem Buch kam

Als ich mich im Jahr 2009 erstmalig im Rahmen eines Projektes bei meinem Arbeitgeber mit dem Thema Candidate Experience beschäftigen durfte, war der Begriff noch absolutes Neuland im deutschsprachigen Raum. Ich erinnere mich heute – sechs Jahre später – noch genau an meine erste Reaktion, als uns eine Kollegin das Thema vorstellte, mit der Idee der Ableitung aus dem Bereich Customer Experience. Ich war absolut begeistert – und bin es noch heute. Fragte ich damals aber HR-Kollegen aus anderen Unternehmen, ob sie

T. Verhoeven (✉)
BearingPoint, Speicherstr. 1, 60327 Frankfurt am Main, Deutschland
E-Mail: tim.verhoeven@bearingpoint.com

© Springer Fachmedien Wiesbaden 2016
T. Verhoeven (Hrsg.), *Candidate Experience,* DOI 10.1007/978-3-658-08896-5_1

etwas von dem Thema gehört hätten, dann blickte ich regelmäßig in fragende Gesichter. Auch auf all den vielversprechenden Fachveranstaltungen, die es für Personaler gibt, wurde ich zu diesem Thema nicht fündig – weder unter dem Begriff „Candidate Experience", noch unter einer anderen Begrifflichkeit. Auch Google lieferte nur eine sehr bescheidene Anzahl an Ergebnissen – fast ausschließlich aus dem englischsprachigen Ausland. Das bedeutete für mich und meine Kollegen, dass wir uns komplett auf der grünen Wiese austoben konnten.

Im Nachhinein kann ich sagen, dass wir nahezu idealtypisch das Candidate-Experience-Projekt angegangen sind, was vor allem daran lag, dass meine damalige Chefin hundertprozentig hinter dem Thema stand und alle Beteiligten auch mit ihrer Begeisterung anstecken konnte. Es war ein permanentes Projekt mit permanenten Optimierungen – vom Personalmarketing über das Hochschulmarketing bis hin zur minutiösen Überarbeitung der Recruiting-Prozesse und zu guter Letzt einer Überarbeitung des Onboardings für neue Mitarbeiter. Viele Ideen und Konzepte, die wir damals entwickelt haben, waren so gut, dass ich sie immer noch als Best Practice ansehe – andere weniger gut. Eine Sache jedoch habe ich hundertprozentig verinnerlicht in dieser Zeit – eine Eigenschaft, die ich auch weiterhin für unabdingbar halte, wenn man sich mit einem Candidate-Experience-Projekt beschäftigen möchte: den Willen, jedes noch so kleine Detail zu hinterfragen.

Ohne diese Eigenschaft wären wir nie auf die Idee gekommen, zu hinterfragen, ob wir Bewerbern eigentlich die richtigen Getränke servieren oder ob wir daran etwas ändern sollten? Oder ob unser Raum, in dem wir Bewerbungsgespräche abgehalten haben, atmosphärisch passt oder ob man nicht durch Bilder, Pflanzen und andere Möbel/Accessoires eine passendere Atmosphäre schaffen könnte? Oder ob man nicht auch den Empfang anders briefen könnte, wenn Bewerber kommen, damit sie sich direkt willkommen fühlen? Diese Liste ließe sich noch endlos weiterführen, aber basiert vor allem darauf, dass wir jeden noch so kleinen Prozessschritt hinterfragt und uns gefragt haben, was man machen könnte, um einen Bewerber in diesem Prozessschritt zu begeistern.

Als ich Ende 2011 meinen Arbeitgeber gewechselt hatte, habe ich auch in diesem Unternehmen langsam damit begonnen, das Thema Candidate Experience zu integrieren – was zugegebenermaßen eine Herausforderung darstellte, weil ich die meisten meiner Kollegen länger von der Notwendigkeit eines systematischen Candidate Experience Managements überzeugen musste, als ich gedacht hatte. Dies lag unter anderem auch daran, dass innerhalb der deutschsprachigen Personalerszene sowohl der Begriff als auch die Theorie der Candidate Experience bis dato noch nicht angekommen waren und man auch weiterhin nur sehr eingeschränkt Informationen über das Thema finden konnte.

Genau das war der Moment, an dem mir bewusst wurde, dass ich daran etwas ändern möchte. In dieser Zeit fing ich an, meine ersten Artikel über das Thema Candidate Experience zu schreiben – sowohl auf meinem Blog, als auch in anderen Blogs und auf Fach-Webseiten. In dieser Zeit lernte ich auch Birger Meier und Dr. Jochen Kootz – damals beide bei einem anderen Telekommunikationsunternehmen – kennen, welche sich ebenso intensiv in der Praxis und der Theorie mit dem Thema auseinandersetzten und mit denen ich gemeinsam den einen oder anderen Artikel verfasste und auch Vortrag hielt

(Vgl. Kootz et al. 2013). So kam es, wie es kommen sollte – allmählich fingen auch andere Personaler an, sich mit dem Thema zu beschäftigen und das Thema bekam langsam aber sicher Relevanz. Es folgten Anfragen für Vorträge, Kooperationsideen und Beratungsprojekte. Es folgten sehr viele Dienstleister, die sich nun von jetzt auf gleich mit dem Thema beschäftigten – aber trotzdem ausgewiesene Experten waren … Und es folgten glücklicherweise langsam aber sicher auch die ersten Unternehmen, die den Ansatz des Candidate Experience Managements ernst nahmen und sich damit beschäftigten.

Das Thema ist in aller Munde und wird von vielen Personalern als eines der prägenden Trend-Themen im Personalbereich der kommenden Jahre bezeichnet. Das Jahr 2015 wurde sogar zum Jahr des Kandidaten ausgerufen (vgl. Diercks 2015).

Trotzdem gibt es auch bis heute noch verhältnismäßig wenig deutschsprachige Literatur zu diesem Thema – abgesehen von diversen Blog-Beiträgen und dem einen oder anderen kurzen Artikel in Fachzeitschriften. Der Grund, warum ich dieses Buch verfasst habe, ist, dass ich auch nach sechs Jahren von diesem Thema noch absolut begeistert bin. Sie, liebe Leser und Leserinnen, halten das erste deutschsprachige Fachbuch, welches sich explizit und ausschließlich dem Thema Candidate Experience widmet, in Ihren Händen.

1.2 Worum es in diesem Buch geht

Zu Beginn widmen wir uns zunächst der theoretischen Herleitung des Themas Candidate Experience vom Thema Customer Experience (Kap. 2). Dabei beleuchten wir sowohl, wo das Thema seinen Ursprung hat, als auch, welche Ableitungen noch auf das Thema Candidate Experience zutreffen. Außerdem findet sich dort eine allgemeingültige Definition des Begriffs „Candidate Experience", welche dann auch in den weiteren Kapiteln aufgenommen wird.

Darauf folgt eine Übersicht über die aktuellsten Zahlen, Daten und Fakten zum Thema Candidate Experience, welche in erster Linie die dringende Notwendigkeit eines systematischen Candidate Experience Managements verdeutlichen (Kap. 3). Ohne die Ergebnisse vorwegnehmen zu wollen: Die Diskrepanz zwischen dem, was Unternehmen leisten, und den Erwartungen von Bewerbern ist zu groß, um darauf nicht reagieren zu wollen. Ein kurzer Exkurs in den internationalen Kontext zeigt uns wiederum auch, wie diese Diskrepanz in anderen Ländern aussieht (Kap. 4).

Etwa tiefergehender widmen wir uns dann in Kap. 5 der ganzheitlichen Betrachtung von (potenziellen) Bewerbern mit allen Kontaktpunkten mit dem Unternehmen und wie man die Zufriedenheit an diesen Kontaktpunkten zusammenhängend messen kann.

Nach diesen eher theoretischen Grundlagen folgt dann ein ausführliches Praxisbeispiel, welches zeigt, wie man im Rahmen eines Projektes Candidate Experience in einem Unternehmen einführt und worauf man in der Praxis achten sollte (Kap. 6). Ausgehend von diesem Praxisprojekt widmen wir uns der Frage, wie man idealtypisch ein Candidate-Experience-Projekt angehen kann und wo sich mögliche Probleme stellen könnten. Gleichzeitig wird dort auch grob skizziert, mit welchem Aufwand zu rechnen ist und wo man sich eventuell externe Hilfe leisten sollte (Kap. 7).

Anschließend erörtern wir die Frage, wie es mit der Bewerberakzeptanz von neuen Technologien im Recruiting aussieht – anhand des Beispiels von zeitversetzten Videointerviews. Diese Frage wird in der Praxis zu Recht immer wieder auftauchen, wenn es darum geht, neue Systeme oder Technologien in den Recruiting-Prozess zu integrieren (Kap. 8). Aufbauend darauf geht es um ein nicht weniger technisches Thema: E-Recruiting. Obwohl E-Recruiting-Systeme häufig bei Bewerbern nicht besonders beliebt sind, sind sie immer noch bei größeren Unternehmen erste Wahl, unter anderem auch, weil sie ein hohes Maß an Arbeitserleichterung und Auswertmöglichkeit für Unternehmen versprechen. Dieses Kapitel zeigt jedoch Möglichkeiten auf, wie man trotz eines E-Recruiting-Systems eine gute Candidate Experience erzielen kann und worauf man dabei achten muss. Abgerundet wird dies durch ein Praxisbeispiel der Baloise Group (Kap. 9).

Dass das Thema Candidate Experience nicht erst beim Recruiting-Prozess beginnt oder dort aufhört, sollte bis zum nächsten Kapitel jedem klar sein – deswegen folgt an dieser Stelle ein Exkurs zum Thema Onboarding von neuen Mitarbeitern, wie man dieses Thema in sein Candidate Experience Management integrieren kann und welche Vorteile dies bringt (Kap. 10).

Wer es bis hierhin geschafft hat, sollte in der Lage sein, seine Prozesse gut gemäß des Themas Candidate Experience auszurichten. Wie sieht es aber aus, wenn es dabei gar nicht um die eigenen Prozesse geht? Diese Frage wird in Kap. 11 beantwortet, in dem es darum geht, wie man Personalberater in das eigene Candidate Experience Management integrieren kann und ob dies überhaupt sinnvoll ist. Ist es möglicherweise für die Candidate Experience sogar nachteilig, wenn Personalberater integriert sind?

Die meisten Praxisbeispiele in diesem Buch sind aus großen Unternehmen – mitunter sogar internationalen Konzernen. Dies soll jedoch nicht bedeuten, dass das Thema Candidate Experience nichts für den Mittelstand ist. Ganz im Gegenteil. Darum werden in Kap. 12 speziell die Besonderheiten eines Candidate Experience Managements im Mittelstand aufgezeigt – sowohl die besonderen Herausforderungen als auch die Vorteile, die mittelständische Unternehmen hier gegenüber klassischen Konzernen haben.

Darauf folgt in Kap. 13 eine Sammlung von Beispielen und erprobten Praxistipps über alle Touchpoints hinweg. Diese kann man ohne zu großen finanziellen und personellen Aufwand umsetzen und mit jedem der Beispiele kann man in der Regel eine Verbesserung der Candidate Experience herbeiführen. Hier liegt der Fokus auf einfach umzusetzenden Maßnahmen, die in erster Linie praktikabel sind und trotzdem einen positiven Einfluss auf Bewerber haben.

Zu guter Letzt kommen in Kap. 14 mit Wolfgang Brickwedde, Henrik Zaborowski, Bernd Kraft, Martin Gaedt und Henner Knabenreich noch Experten aus der Personalerbranche zu Wort, welche sich der Frage widmen, welchen Herausforderungen das Thema Candidate Experience in der Zukunft gegenüberstehen wird.

Abgerundet wird das Buch durch meine persönlichen Empfehlungen von internationalen und nationalen Studien, Fachartikeln und Blogs und allgemein Webseiten zum Thema Candidate Experience – für alle, die nach dem Lesen meines Buchs erst so richtig auf den Geschmack gekommen sind (Kap. 15).

1.3 Wem ich dieses Buch empfehle und wem ich von diesem Buch abraten würde

Dieses Buch richtet sich an Personaler, die sich zumindest in der Praxis mit den Grundlagen der Personalbeschaffung beschäftigt haben. Ich erkläre einige grundlegende Begrifflichkeiten aus den Bereichen Personalmarketing, Employer Branding und Recruiting nicht noch einmal explizit, sondern setze zumindest ein grobes Begriffsverständnis voraus.

Jeder, der sich mit dem Thema Candidate Experience beschäftigen möchte – oder seine Prozesse stärker an die Bedürfnisse von Bewerbern ausrichten möchte, wird mit diesem Buch nicht danebenliegen. Das Buch ist durch die verschiedenen Themen der verschiedenen Autoren eine gesunde Mischung aus theoretischen Grundlagen als auch aus echtem Praxiswissen und sollte somit sowohl den Theoretiker als auch den Praktiker ansprechen.

Literatur

Diercks, J. (2015). 2015 – das Jahr der Kandidaten!? Blogger Challenge…, Recrutainment Blog. http://blog.recrutainment.de/2015/01/05/2015-das-jahr-der-kandidaten-blogger-challenge/. Zugegriffen: 14. Mai 2015.

Kootz, J., Meier, B., & Verhoeven, T. (2013). Candidate Experience (CX) und die Generation Y, Personalblogger.net. http://www.personalblogger.net/2013/02/04/candidate-experience-cx-und-die-generation-y/. Zugegriffen: 1. Dez. 2014.

Tim Verhoeven leitet das Recruiting und Personalmarketing bei der Unternehmensberatung BearingPoint. Zuletzt war er als Personalleiter für sämtliche Personalangelegenheiten des Modekonzerns TKN verantwortlich und davor hat er mehrere Stationen durchlaufen in den Bereichen Recruiting und Personalmarketing u. a. beim internationalen Kommunikationskonzern Vodafone und dem Marktführer im Bereich der elektrischen Verbindungstechnik Weidmüller. Er ist ein Vorreiter in Deutschland zum Thema Candidate Experience – als Berater, Blogger (NochEinPersonalmarketingBlog), Autor und Redner.

Die Theorie der Candidate Experience

2

Tim Verhoeven

*Es gibt nichts Praktischeres als eine gute Theorie.
(Immanuel Kant)*

Inhaltsverzeichnis

2.1	Einleitung	8
2.2	Die Grundlage des Kundenmanagements	9
2.3	Customer Experience Management	9
2.4	Candidate Experience Management	11
2.5	Weitere Ableitungen für das Candidate Experience Management	13
2.6	Fazit	14
Literatur		14

Zusammenfassung

Die Theorie der Candidate Experience ist bisher nur selten tiefergehender betrachtet worden, mit wenigen Ausnahmen. In der Regel wissen die meisten nur, dass das Thema ursprünglich vom Customer Experience Management abgeleitet wurde.

T. Verhoeven (✉)
BearingPoint, Speicherstr. 1, 60327 Frankfurt am Main, Deutschland
E-Mail: tim.verhoeven@bearingpoint.com

© Springer Fachmedien Wiesbaden 2016
T. Verhoeven (Hrsg.), *Candidate Experience,* DOI 10.1007/978-3-658-08896-5_2

Abb. 2.1 Google Suchanfragen Candidate Experience
2010–2015

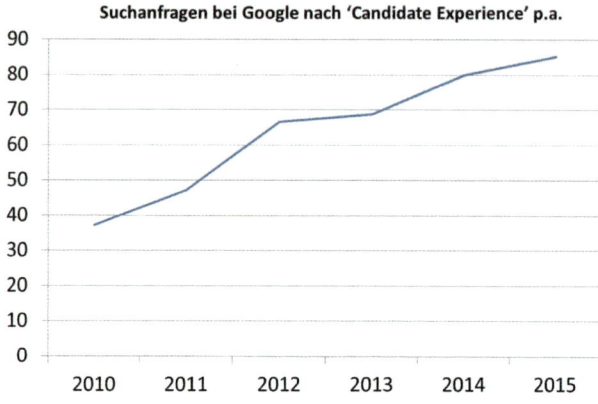

2.1 Einleitung

Candidate Experience beziehungsweise Candidate Experience Management ist wesent-
lich mehr als nur ein Modebegriff, der sich in die Reihe von Human-Resources(HR)-
Buzzwords einreiht (vgl. Zaborowski 2014) und sogar schon mit einer Parodie auf seinen
Namen bedacht wurde: „Candy Date" (vgl. Knabenreich 2014). Es handelt sich um eine
Begrifflichkeit, die immer mehr Personaler so langsam aber sicher kennen – aber nur die
wenigsten können sie tatsächlich erklären. Das Diagramm in Abb. 2.1 verdeutlicht, wie
sehr die Popularität des Begriffs Candidate Experience in den letzten Jahren gewachsen
ist. Von 2010 bis Mitte 2015 hat sich die Anzahl von Suchanfragen bei Google mehr als
verdoppelt[1]. Trotzdem scheint das Thema noch längst nicht bei allen Unternehmen angekommen zu sein.

Es ist ein Management-Ansatz, der viele Grundlagen und Modelle des modernen Kundenmanagements und des sogenannten Customer Experience Managements auf den Personalbereich, insbesondere den Bereich der Personalbeschaffung, überträgt.

Vereinfacht ausgedrückt wird beim Thema Candidate Experience Management der Fokus auf das Kundenbedürfnis durch den Fokus auf das Kandidatenbedürfnis ersetzt.

Aber es stellt sich natürlich die berechtigte Frage: Warum sollte man sich genau beim
Kundenmanagement bedienen? Um dies zu verstehen, muss man sich erst einmal den
grundlegenden Begriffen und Ansätzen des Kundenmanagements widmen.

---

[1] Das Diagramm zeigt den Verlauf der Suchanfragen im Mittelwert pro Jahr relativ zum theoretischen Höchstwert dar. Datenbasis von Google-Trends (13.05.2015).

2.2 Die Grundlage des Kundenmanagements

Die Notwendigkeit eines Kundenmanagements hat auch ihren Ursprung in der wachsenden Anzahl von sogenannten Käufermärkten. Ein Käufermarkt ist eine ...

> Marktsituation sinkender Preise. Ursache eines Käufermarkts ist ein Angebotsüberschuss, der sich bei steigendem Angebot und konstanter Nachfrage ergibt, beziehungsweise ein Nachfragedefizit, das sich bei sinkender Nachfrage und konstantem Angebot ergibt. (Simon o. J.)

Durch die Entwicklung der Kräfteveränderung auf vielen Märkten entstehen neue Notwendigkeiten.

> Die Notwendigkeit, sich gegenüber Konkurrenten zu differenzieren, ist unbestritten. Aber weder der Preis noch das Produkt sind in der heutigen technologisch geprägten Welt dafür ausreichend. Benötigt wird deshalb echtes Wissen über die Bedürfnisse des Kunden, das dann in greifbare Maßnahmen umgewandelt werden kann. (Stindl 2010, S. 3)

Insofern müssen sich Unternehmen stärker und direkter auf Kunden und deren Bedürfnisse einstellen.

Die Markenbindung von Kunden ist nicht mehr so ausgeprägt, wie in früheren Zeiten. Durch die Globalisierung und den Wachstumskurs des E-Commerce hat man es einerseits mit einer globaleren Kundengruppe zu tun, aber man muss sich als Unternehmen auch zunehmend mit globalerer Konkurrenz auseinandersetzen. Unternehmen sind dadurch gezwungen, ihre Komfortzone zu verlassen und müssen sich im Wettbewerb differenzieren.

Es beginnt also die Suche nach Differenzierungsmerkmalen, die schwieriger zu kopieren und nicht leicht austauschbar sind. Eine zentrale Möglichkeit hierzu bilden die individuellen Erlebnisse des Kunden mit dem Unternehmen (vgl. Stindl 2010, S. 3). Das Steuern und Gestalten dieser Erlebnisse wird als Customer Experience Management bezeichnet, welches sich in den letzten Jahren insbesondere bei Unternehmen aus dem Dienstleitungsbereich zu einem erfolgversprechenden Ansatz entwickelt hat (vgl. Eberwein 2011) und im weiteren Verlauf dieses Beitrags noch vertieft wird.

Damit wird das Wissen über die Bedürfnisse von Kunden zu einem Wert an sich und zu einem möglichen Wettbewerbsvorteil – insbesondere bei Unternehmen beziehungsweise in Branchen, die sich nicht so stark durch ihre Produktdetails differenzieren, wie es beispielsweise bei Banken oder in der Telekommunikationsindustrie der Fall ist.

2.3 Customer Experience Management

Da sich das Thema und die hier präferierte Definition von Candidate Experience Management aus dem Customer Experience Management ableiten lassen, vertiefen wir an dieser Stelle den Blick auf dieses Thema (vgl. Kootz 2014, S. 65). Wir widmen uns drei verschiedenen Definitionen des Themas Customer Experience und prüfen auf den gemeinsamen Nenner.

▶ **Customer Experience (Definition nach Meyer/Schwager)** „Customer Experience is the internal and subjective response customer have to any direct or indirect contact with a company. Direct contact generally occurs in the course of purchase, use, and service and is usually initiated by the customer. Indirect contact most often involves unplanned encounters with representations of a company's products, service, or brands and takes the form of word-of-mouth recommendations or criticisms, advertising, news reports, reviews, and so forth." (Meyer und Schwager 2007, S. 2)

▶ **Customer Experience (Definition nach Stindl)** Customer Experience ist „die Summe der Kundenerlebnisse, wobei Erlebnisse auf der subjektiven Wahrnehmung des Kunden beruhen und durch direkte oder indirekte Kontakte mit einer Unternehmung hervorgerufen werden." (Stindl 2010, S. 4)

▶ **Customer Experience (Definition nach Kacker)** „Customer experience is the sum of all experiences a customer has with supplier of goods or services, over the duration of their relationship with that supplier. From awareness, discovery, attraction, interaction, purchase, use, cultivation and advocacy. It can also be used to mean an individual experience over one transaction; the distinction is usually clear in context." (Kacker 2011, S. 41)

Eine Gemeinsamkeit aller drei Definitionen ist die Inklusion von direkten und indirekten Kontaktpunkten – den sogenannten Touchpoints.

Tabelle 2.1 verdeutlicht auch, dass die Steuerung und Gestaltung von indirekten Touchpoints eine deutlich größere Herausforderung darstellt als bei direkten Touchpoints (vgl. Stindl 2010, S. 4), da Unternehmen darauf in der Regel keinen großen Einfluss haben. Gleichzeitig wächst die Anzahl indirekter Touchpoints durch den wachsenden Anteil an User-Generated-Content, also in unserem Fall durch Kunden erstellte Inhalte, welche andere Kunden rezipieren (Bauer 2011, S. 7). Direkte Touchpoints haben – sowohl bei positiver als auch negativer Ausprägung – einen Einfluss auf indirekte Touchpoints.

Aufbauend auf die genannten Definitionen des Begriffs der Customer Experience variieren auch die Definitionen des Begriffs Customer Experience Management etwas voneinander.

Eine sehr grundlegende und einfache Definition von Customer Experience Management liefert uns Schmitt:

Tab. 2.1 Direkte und indirekte Touchpoints

Direkt/indirekt	Ausführung/Beispiele
Direkte Touchpoints	Alle direkten Kontakte mit dem Produkt, dem Unternehmen oder damit verbundenen Dienstleistungen Kundenhotline, Vertriebsmitarbeiter, das Produkt an sich, Web-Shop
Indirekte Touchpoints	Alle indirekten Kontakte – über Dritte, über das Produkt, das Unternehmen oder damit verbundene Dienstleistungen Mund-zu-Mund-Propaganda, wahrgenommene Kundenrezensionen bei Online-Händlern wie beispielsweise Amazon

▶ **Customer Experience Management (Definition nach Schmitt)** „To put it simply, customer experience management (CEM) is the process of strategically managing a customer's entire experience with a product or a company." (Schmitt 2003, S. 17)

Stindl nimmt hingegen sowohl den Touchpoint-Gedanken mit auf, als auch die Ziele des Customer Experience Managements:

▶ **Customer Experience Management (Definition nach Stindl)** „Customer Experience Management ist der Prozess des strategischen Managements, also der aktiven Gestaltung aller Kundenerlebnisse mit der Marke an sämtlichen Kontaktpunkten, direkte sowie indirekte, mit den Zielen, Kundenzufriedenheit, Loyalität und Profitabilität zu steigern und Informationen über die subjektive Wahrnehmung des Kunden zu gewinnen." (Stindl 2010, S. 5)

Bei der Definition von Zimmermann ist hervorzuheben, dass hier die Punkte der Erwartungshaltung als auch Erwartungserfüllung inkludiert werden:

▶ **Customer Experience Management (Definition nach Zimmermann)** „Die neue Disziplin Customer Experience Management (CEM) beschäftigt sich mit der Sicht von außen. Indem aus der Warte des Kunden Beratungs-, Bestell-, Kaufsituationen schrittweise analysiert und interpretiert werden, wird es möglich, zu verstehen, welche tatsächlichen Erwartungen vorhanden sind und wie diese am besten erfüllt werden." (Zimmermann o. J.)

2.4 Candidate Experience Management

Die Definitionen von Candidate Experience und darauf beziehend Candidate Experience Management orientieren sich an den in Abschn. 2.3 aufgeführten Definitionen zu den Begriffen der Customer Experience und dem Customer Experience Management.
  Die in diesem Buch gängigen Definitionen von Candidate Experience und Candidate Experience Management werden abgeleitet beziehungsweise sind eine Weiterentwicklung der Definitionen von Dr. Jochen Kootz (2014, S. 65):

▶ **Candidate Experience** Candidate Experience (CX) bezeichnet den Gesamteindruck, den ein potenzieller Bewerber (Kandidat) im Rahmen des Rekrutierungsprozesses vom potenziellen Arbeitgeber erhält. Es geht dabei um das individuelle Erleben in einem Bewerbungs- und Auswahlprozess an allen direkten und indirekten Kontaktpunkten mit dem Unternehmen.

▶ **Candidate Experience Management** Candidate Experience Management (CXM) bezeichnet die aktive Gestaltung aller Kontaktpunkte des Bewerbers (Candidate Touchpoints) mit dem Unternehmen mit dem Ziel, einen positiven Gesamteindruck zu hinterlassen. Aus Sicht des Bewerbers als Kunden eines Unternehmens werden am Vorbild des CEM

Systeme, Menschen und Prozesse schrittweise analysiert und interpretiert. Im Mittelpunkt steht das Erleben des Bewerbers. Weiterhin wird es mit der Sicht von außen möglich, zu verstehen, welche tatsächlichen Erwartungen an Recruiting-Prozesse bestehen und wie diese am besten erfüllt werden können.

Grundsätzlich geht es beim Thema Candidate Experience um die Wirkung von Erlebnissen. Dahingegen geht es beim Candidate Experience Management um die systematische Steuerung, wie es zu diesen Erlebnissen kommt. Ergänzend beziehungsweise zusammenfassend zu den oben genannten Definitionen sind folgende zwei Aussagen zum Candidate Experience Management festzuhalten:

- Candidate Experience Management hat das Ziel, sowohl direkte als auch indirekte Touchpoints zu beeinflussen und auf die Bewerber-Bedürfnisse auszurichten.
- Candidate Experience Management bezieht sich auf den kompletten Erlebnis-Prozess – angefangen bereits beim Personalmarketing.

Wichtig in diesem Zusammenhang ist das folgende Zitat von Kootz, welches zeigt, dass es sich beim Thema Candidate Experience nicht nur um den Recruiting-Prozess handelt.

> Denn für den Kandidaten bildet die Abfolge vom Personalmarketing über die Bewerbung bis zum Auswahlverfahren einen zusammenhängenden Prozess. (Kootz 2014, S. 65/66)

Gleichzeitig geht das Thema Candidate Experience auch weiter, d. h. über den Recruiting-Prozess hinaus. Abgeleitet vom Thema Customer Experience geht es bis zum Konsum des Produktes oder der Dienstleistung (vgl. Meyer und Schwager 2007, S. 2). Dies ist im Bereich Candidate Experience der Job, auf den sich der Kandidat beworben hat.

Die Definition von Dr. Kootz ist sehr passend und stimmig im Rahmen seiner Dissertation. Losgelöst sehe ich hier jedoch die Gefahr, dass sie für sich stehend missverstanden werden kann, weswegen ich angelehnt an die oben genannten Definitionen eine kleine Erweiterung durchführe.

▶ **Candidate Experience** Candidate Experience bezeichnet den Gesamteindruck, den ein potenzieller Bewerber im Rahmen der Prozesse des Personalmarketings, des Recruitings und darüber hinaus vom potenziellen Arbeitgeber erhält. Es geht dabei um das individuelle Erleben in einem Bewerbungs- und Auswahlprozess an allen direkten und indirekten Kontaktpunkten mit dem Unternehmen.

▶ **Candidate Experience Management** Candidate Experience Management bezeichnet die aktive Gestaltung aller Kontaktpunkte des Bewerbers mit dem Unternehmen mit dem Ziel, einen positiven Gesamteindruck zu hinterlassen. Aus Sicht des Bewerbers als Kunde eines Unternehmens werden am Vorbild des Customer Experience Managements Systeme, Menschen und Prozesse schrittweise analysiert und interpretiert. Im Mittelpunkt steht das Erleben des Bewerbers. Weiterhin wird es mit der Sicht von außen möglich, zu verstehen, welche tatsächlichen Erwartungen an Prozesse des Personalmarketings, des Recruitings und darüber hinaus bestehen und wie diese am besten erfüllt werden können.

Hier wird auch eine der größten Herausforderungen des Candidate Experience Managements deutlich – es muss interdisziplinär arbeiten und kann nicht in die teilweise starren Organisationsmodelle eines Unternehmens gepresst werden. Dem Bewerber ist es schlichtweg egal, welche Abteilung für ihn zuständig ist, seine Bedürfnisse sollen befriedigt werden. Deswegen ist es notwendig – wie im späteren Kapitel deutlich wird – ein Candidate Experience Management abteilungsübergreifend anzusiedeln und das Know-how von Personalmarketing, Recruiting etc. einfließen zu lassen.

2.5 Weitere Ableitungen für das Candidate Experience Management

Ausgehend von der Tatsache, dass die Theorie des Candidate Experience Managements abgeleitet ist aus dem Customer Experience Management, ergeben sich viele Möglichkeiten, weitere Ableitungen von einem Bereich für den anderen Bereich zu treffen.

Sowohl das Customer Experience Management als auch das Candidate Experience Management sind ein permanenter Prozess und nicht ein kurzes Projekt – nur die Einführung eines Candidate Experience Managements kann als ein separates Projekt betrachtet werden:

> Das Kreieren und Verwalten des Kundenerlebnisses ist nichts, was einmal gemacht wird und dann abgehakt werden kann. Dieser Vorgang ist nie abgeschlossen. Er muss dynamisch und kontinuierlich sein und in Ihrer Unternehmensphilosophie immer oberste Priorität haben. (Martin 2012)

Auch hinsichtlich der Kundenerwartung gibt es einen Ansatz, den wir sinnvoll für das Thema Candidate Experience Management adaptieren können. Die Kundenerwartungen verändern sich mit der Zeit – das Anspruchsniveau der Kunden steigt. Was heute noch ein außergewöhnliches Erlebnis für Kunden ist, kann morgen schon ein zu erwartender Standard aus Kundensicht sein. Wenn die Erwartungshaltung der Kunden stärker steigt, als die Erwartungserfüllung des Unternehmens, verliert man mittelfristig Kunden (vgl. Hofbauer und Schöpfel 2010, S. 86). Betrachten wir diese Entwicklung mit Hinblick auf Bewerber, dann können wir festhalten, dass Unternehmen (potenzielle) Bewerber verlieren, wenn sie sich nicht auf die wachsenden Erwartungshaltungen einstellen. So können jetzt moderne Technologien wie die One-Klick-Bewerbung noch ein Motivator sein; in Zukunft stellen sie vielleicht nur noch einen Hygienefaktor dar (vgl. Herzberg et al. 1959).

Moments of Thruth, zu Deutsch „Augenblicke der Wahrheit", sind Situationen, in denen ein Kunde eine Dienstleistung oder ähnliches intensiv erlebt und welche das Potenzial dazu haben, prägend, also mit hohem und nachhaltigen Einfluss, sein zu können (vgl. Specht 2008, S. 3). Im Gegensatz zu Touchpoints handelt es sich hierbei um konkrete Kontakt-Situationen und nicht um Kontaktpunkte. Bei jedem Moment of Truth gibt es drei Möglichkeiten, wie sich das Kundenverhalten ändern kann (vgl. Carlzon 1987):

- Der Kunde nähert sich emotional dem Produkt/der Marke weiter an (positiv).
- Der Kunde bleibt dem Produkt/der Marke weiterhin treu (neutral).
- Der Kunde entfernt sich emotional von dem Produkt/der Marke (negativ)

Ein wesentlicher Faktor dafür, wie das Kundenverhalten verändert wird, liegt in dem Er-wartungsmanagement – also dem Einhalten dessen, was man an Erwartungen beim Kun-den geweckt hat (vgl. Eberwein 2011). Wenn in der Werbung eine Dienstleistung verspro-chen wird, diese dann aber nicht eingehalten wird, ist der Frust des Kunden vorprogram-miert. Es entsteht ein Missverhältnis zwischen Erwartung und Erwartungserfüllung. Im Personalbereich würde dies beispielsweise bedeuten, dass Bewerber enttäuscht werden, wenn sich der Arbeitgeber auf der Karrierewebsite sehr innovativ darstellt, aber innerhalb des Bewerbungsprozesses das Gegenteil offenbart wird.

Eine positive Customer Experience ist heutzutage ein starkes Differenzierungsmerk-mal (vgl. Stindl 2010, S. 4) für Unternehmen. Diese ist jedoch nur zu erreichen, wenn sie konsistent an allen Touchpoints (vgl. König 2011) durch ein systematisches Customer Experience Management umgesetzt wird. Auch eine positive Candidate Experience kann folglich zu einem Differenzierungsfaktor werden – dies ist insofern interessant, da Arbeit-geber in ihrer Employer Value Proposition (Arbeitgeberwerte-Versprechen) häufig nur geringes Differenzierungspotenzial haben.

2.6   Fazit

Es bleibt festzuhalten, dass ein Candidate Experience Management ein wichtiges Thema für jeden Arbeitgeber ist – auch wenn es zum jetzigen Zeitpunkt noch nicht bei vielen Arbeitgebern explizit präsent ist. Unabhängig davon, ob man sich als Arbeitgeber nun mit dem Thema beschäftigt oder nicht – Bewerber-Erlebnisse finden statt, Moments of Truth entstehen und die Bewerber-Zufriedenheit wird permanent beeinflusst. Gleichzeitig ist bekannt, dass diese Ereignisse bei positiver Ausprägung zu einem Wettbewerbsvorteil und bei negativer Ausprägung zu einem Wettbewerbsnachteil um die Gunst der richti-gen Bewerber führen werden. Es liegt jedoch an jedem Arbeitgeber selbst, ob er sich mit Tatsachen abfinden will oder die Candidate Experience konsistent und positiv an allen Touchpoints gestalten will – im Sinne eines systematischen Candidate Experience Ma-nagements.

Literatur

Bauer, C. A. (2011). *User Generated Content – Urheberrechtliche Zulässigkeit nutzergenerierter Medieninhalte*. Berlin: Springer.
Carlzon, J. (1987). *Moments of truth*. New York: Harper Perennial.
Eberwein, P. (2011). Customer Experience Management. Zufrieden ist nicht genug. http://www.ab-satzwirtschaft.de/content/zufrieden-ist-nicht-genug;75653;0. Zugegriffen: 7. Feb. 2012.

Herzberg, F., Mausner, B., & Snyderman, B. (1959). *The motivation to work* (2. Aufl.). New York: Wiley.

Hofbauer, G., & Schöpfel, B. (2010). *Professionelles Kundenmanagement. Ganzheitliches CRM & seine Rahmenbedingungen*. Erlangen: Publicis Publishing.

Kacker, M. (2011). Customer management post recession: An analysis of Indian hospitality sector. In A. Dubey (Hrsg.), *Customer Experience Management (CEM) preparing for the future*. Delhi: Wisdom Publications.

Knabenreich, H. (2014). Die Candy Date Experience: Gib dem Bewerber Zucker. Personalmarketing2Null. http://personalmarketing2null.de/2014/03/25/candy-date-oder-candidate-experience/. Zugegriffen: 20. Dez. 2014.

König, H. (2011). Statt App-Wildwuchs lieber konsistente Kundenerlebnisse. http://www.estrategy-magazin.de/statt-app-wildwuchs-lieber-konsistente-kundenerlebnisse.html. Zugegriffen: 30. Mai 2012.

Kootz, J. (2014). Kundenorientiertes Personalrecruiting – Eine empirische Untersuchung unter besonderer Berücksichtigung von Customer Experience Management.

Martin, J. (2012). Feedback Management als Teil des Customer Experience Manage-ment (CEM). http://www.questback.de/blog/feedback-management-als-teil-des-customer-experience-management-cem/. Zugegriffen: 13. Mai 2015.

Meyer, C., & Schwager, A. (2007). Understanding customer experience. http://hbr.org/2007/02/understanding-customer-experience/ar/1. Zugegriffen: 20. Okt. 2011.

Schmitt, B. H. (2003). *Customer experience management: A revolutionary approach to connecting with your customers*. Hoboken: Wiley.

Simon, H. (o. J.). Springer Gabler Verlag (Herausgeber), Gabler Wirtschaftslexikon. http://wirtschaftslexikon.gabler.de/Archiv/10353/kaeufermarkt-v9.html. Zugegriffen: 11. Mai 2015.

Specht, N. (2008). *Erfolgsfaktor Service: Warum und wie Mitarbeiter im persönlichen Kontakt zum Kunden begeistern*. München: Fördergesellschaft Marketing.

Stindl, B. (2010). Leitfaden CEM. http://www.ec4u.de/wp-content/uploads/2012/01/Leitfaden-CEM.pdf. Zugegriffen: 6. Mai 2013.

Zaborowski, H. (2014). Candidate Experience – ein HR Buzzword zeigt seine gruselige Fratze. http://www.hzaborowski.de/2014/07/01/candidate-experience-ein-hr-buzzword-zeigt-seine-gruselige-fratze/. Zugegriffen: 12. Dez. 2014.

Zimmermann, D. (o. J.). Customer Experience Management. Der Kunde im Zentrum ei-ner neuen Betrachtungsweise. http://www.4managers.de/management/themen/customer-experience-management. Zugegriffen: 6. Mai 2015.

Tim Verhoeven leitet das Recruiting und Personalmarketing bei der Unternehmensberatung BearingPoint. Zuletzt war er als Personalleiter für sämtliche Personalangelegenheiten des Modekonzerns TKN verantwortlich und davor hat er mehrere Stationen durchlaufen in den Bereichen Recruiting und Personalmarketing u. a. beim internationalen Kommunikationskonzern Vodafone und dem Marktführer im Bereich der elektrischen Verbindungstechnik Weidmüller. Er ist ein Vorreiter in Deutschland zum Thema Candidate Experience – als Berater, Blogger (NochEinPersonalmarketingBlog), Autor und Redner.

Zahlen, Daten und Fakten zu Candidate Experience in Deutschland

Eine Übersicht der aktuellsten Studienergebnisse zum Thema Candidate Experience in Deutschland

Tim Verhoeven

Zahlen, Daten Fakten

Inhaltsverzeichnis

3.1   Einleitung 17
3.2   Was Bewerber wollen und was Unternehmen anbieten – die Diskrepanz 18
3.3   Die Unzufriedenheit der Bewerber 20
3.4   Auswirkungen einer positiven oder negativen Candidate 21
3.5   Fazit und Ausblick 22
Literatur 23

Zusammenfassung

Candidate Experience ist insbesondere im englischsprachigen Raum schon seit einigen Jahren ein Thema, zu welchem regelmäßige Studien und Umfragen durchgeführt werden. Da dies im deutschsprachigen Raum erst in den letzten Jahren zugenommen hat, werde ich in diesem Kapitel die interessantesten Studien aus Deutschland zusammenfassen.

3.1   Einleitung

In Deutschland beschäftigen sich erst seit wenigen Jahren Studien mehr oder minder explizit mit dem Thema Candidate Experience. Hier stechen insbesondere die fundierte Studie „Candidate Experience Studie" von metaHR in Kooperation mit Prof. Dr. Wald

T. Verhoeven (✉)
BearingPoint, Speicherstr. 1, 60327 Frankfurt am Main, Deutschland
E-Mail: tim.verhoeven@bearingpoint.com

© Springer Fachmedien Wiesbaden 2016
T. Verhoeven (Hrsg.), *Candidate Experience*, DOI 10.1007/978-3-658-08896-5_3

und die Studie „Candidate Experience aus Sicht des Arbeitgebers" von textkernel heraus, welche beide 2014 erschienen sind. Ansonsten sind auch noch die Studien von Monster Worldwide Deutschland zu erwähnen – „Recruiting Trends", „Recruiting Trends im Mittelstand" und „Bewerbungspraxis" –, welche jährlich erscheinen.

Daneben gibt es eine Vielzahl von sowohl kleineren als auch größeren Studien, die sich nur mit kleineren Facetten des Themas Candidate Experience beschäftigen. Wenn man für sein Unternehmen Ableitungen aus den hier vorgestellten Studienergebnissen ziehen möchte, dann sollte man sich auf jeden Fall die komplette Studie ansehen. Insbesondere bei der Teilnehmerzahl und der Methodik der Befragung gibt es bei den Studien größere Unterschiede, auf die ich aber nicht im Einzelnen eingehen werde.

Das Bewusstsein für einen Optimierungsbedarf im Bereich Candidate Experience scheint allmählich auch in Unternehmen angekommen zu sein. Immerhin ist der Punkt „Prozessmanagement: Recruiting-Prozesse optimieren und Reaktionszeiten verkürzen" bei der Befragung nach den wichtigsten Herausforderungen für die kommenden Jahre für die Personalbeschaffung erstmals auf Platz 3 von 25 gelandet (vgl. Weitzel et al. 2013, 2014, S. 27, 2015a, S. 38)

3.2 Was Bewerber wollen und was Unternehmen anbieten – die Diskrepanz

Einer der Hauptgründe dafür, warum das Thema Candidate Experience immer wichtiger wird, ist die Tatsache, dass es dort eine große Diskrepanz zwischen dem gibt, was Bewerber erwarten und wie Unternehmen diese Erwartungen erfüllen. Gäbe es da keine so große Diskrepanz, dann würde ich nicht dieses Buch schreiben, denn das Thema Candidate Experience wäre längst eine Selbstverständlichkeit. Damit Sie sich ein Bild davon machen können, wie ausgeprägt diese Diskrepanz ist, habe ich ein paar sehr anschauliche Beispiele aus verschiedenen Studien für Sie zusammengestellt, die sowohl zeigen, wie Unternehmen agieren als auch wie Bewerberbedürfnisse aussehen.

Lediglich vier Prozent aller befragten Teilnehmer der „Online Recruiting Studie 2014" von Softgarden gaben an, dass sie 30 min oder länger in eine Online-Bewerbung investieren möchten (vgl. Eisele und Weller-Hirsch 2014, S. 6). Auf der anderen Seite scheint es laut der Studie „Recruiting in Deutschland 2013" noch einige Personaler zu geben, die dem folgenden Satz zustimmen: „Bewerber, die nicht bereit sind, 20 bis 40 min für eine Online-Bewerbung zu investieren, haben kein ernstes Interesse."[1] (vgl. Lüerßen und Stickling 2013, S. 9).

Jetzt folgt einer der absoluten Klassiker – die bevorzugte Form der Bewerbung. Bewerber möchten in der Regel mit sehr großem Abstand eine Bewerbung per E-Mail. Abbildung 3.1 zeigt, dass vier von fünf Bewerbern diesen Weg bevorzugen und noch nicht ein-

---

[1] Der durchschnittliche Wert der teilnehmenden Personaler lag bei 4,8 von 10 bei einer Antwortmöglichkeit zwischen 1 = „Stimme voll zu" und 10 = „Stimme gar nicht zu".

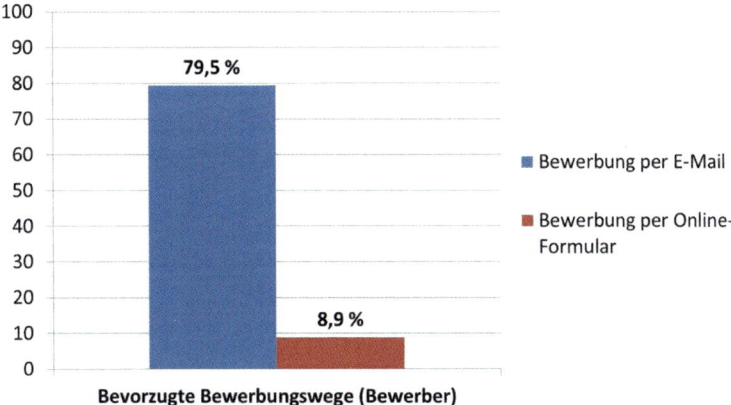

Abb. 3.1 Bevorzugte Bewerbungswege (Bewerber)

mal ein Zehntel aller Bewerber das Online-Formular präferiert (vgl. Weitzel et al. 2015a).
Zu ähnlichen Ergebnissen kam auch die „Candidate Experience Studie" von metaHR, bei
welcher sogar jeder zehnte Bewerber angab, dass er grundsätzlich Online-Bewerbungs-
formulare ablehnen würde und deswegen auch den Bewerbungsprozess abbrechen würde
(vgl. Wald und Athanas 2014).

Das genaue Gegenteil sehen wir wiederum, wenn wir uns anschauen, welche Bewerbungswege denn von Unternehmen bevorzugt werden. Hier ist mit großem Abstand das
von Bewerbern verschmähte Online-Formular die Nummer eins.

Knapp drei Viertel der befragten Personaler gaben an, dass sie die Bewerbung per Online-Formular bevorzugen. Und nicht einmal ein Viertel der Personaler gab an, dass sie die
Bewerbung per E-Mail bevorzugen (vgl. Weitzel et al. 2015a) (s. Abb. 3.2).

Man erkennt also, dass es hier eine große Diskrepanz gibt, wahrscheinlich ausgelöst
durch diametrale Interessen. Bewerber denken in dieser Hinsicht ähnlich wie Kunden im

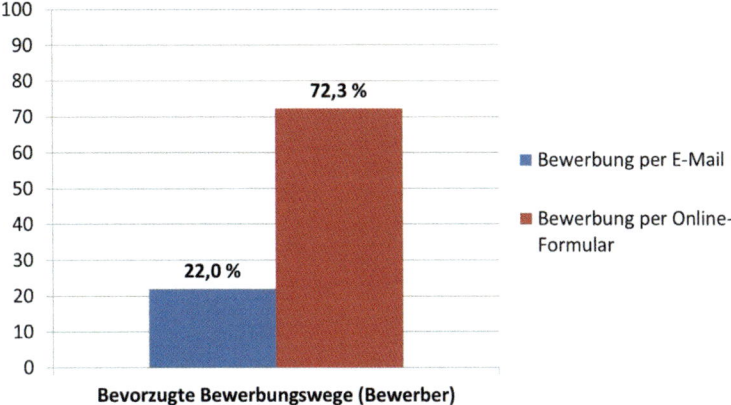

Abb. 3.2 Bevorzugte Bewerbungswege (Unternehmen)

E-Commerce – sie möchten einen einfachen und schnellen Prozess (vgl. Eisele und Weller-Hirsch 2014, S. 6) und eine gute Usability. Dies ist leider nicht die Realität bei einer Vielzahl an Online-Bewerbungsformularen. Auf der anderen Seite sind Bewerbermanagementsysteme aus Sicht von Unternehmen nahezu unumgänglich. Ein Verzicht von Unternehmen einer gewissen Größenordnung auf Bewerbermanagementsysteme ist daher nicht absehbar, da diese im Idealfall ein großes Maß an Arbeitserleichterung mit sich bringen würde? für das Recruiting. Trotzdem ist diese Situation nicht alternativlos. Mögliche Lösungen für dies Problem sind Tools wie CV-Parser oder die One-Klick-Bewerbung, wie im Kap. 9 im Detail gezeigt wird.

Die Zeitspanne, in der die Rückmeldung erfolgt ist ein weiteres Thema, in dem sich die meisten Studien einig sind. Bewerber möchten natürlich möglichst zeitnah eine Rückmeldung erhalten, während Unternehmen zwischen vielen Bewerbern entscheiden müssen und sich hin und wieder auch dafür entscheiden, den einen oder anderen Bewerber etwas länger warten zu lassen. Dies hat sogar schon dazu geführt, dass Bewerber gar nicht mehr davon ausgehen, dass Unternehmen schnell reagieren – auch wenn sie das persönlich als angemessen empfinden.

57 % aller Bewerber erwarten nach maximal zwei Wochen eine verbindliche Reaktion, was hier gleichbedeutend ist mit einer Einladung zu einem Vorstellungsgespräch, einem Telefoninterview oder ähnlichem, oder einer Absage (vgl. Eisele und Weller-Hirsch 2014, S. 9). Dahingegen sieht die Erwartungshaltung von Bewerben relativ schlecht aus – nur 30 Prozent der Bewerber der Studie „Erwartungen von Bewerbern" gaben an, dass Unternehmen es schaffen, innerhalb von zwei Wochen eine verbindliche Rückmeldung zu geben (YouGov 2014).

3.3   Die Unzufriedenheit der Bewerber

Es gibt eine Vielzahl an Faktoren innerhalb der Bewerbungssituation von Bewerbern, welche zu Unzufriedenheit führen können. Manche dieser Faktoren sind von Arbeitgebern leichter zu beeinflussen und manche weniger leicht. Besonders ärgerlich sind wahrscheinlich die Faktoren, bei denen man als Arbeitgeber sofort weiß, dass sie unnötig waren.

Vorstellungsgespräch
Deutlichen Handlungsbedarf sieht man nicht nur im Bereich des Online-Recruitings, sondern auch bei den Vorstellungsgesprächen. Bei der Studie von Kalaydo.de aus dem Jahr 2012 „Was nervt Sie bei der Jobsuche" gaben nur rund ein Drittel der Teilnehmer an, dass sie durchweg zufrieden mit den Erlebnissen bei Vorstellungsgesprächen waren (vgl. Kalaydo 2012).

Weiterhin gaben 59 % der Befragten an, dass unvorbereitete Gesprächspartner das größte Ärgernis bei Vorstellungsgesprächen sein – dicht gefolgt von schlechtem Zeitmanagement der Gesprächspartner und einer unangemessenen Anzahl von Gesprächspartnern (vgl. Kalaydo 2012).

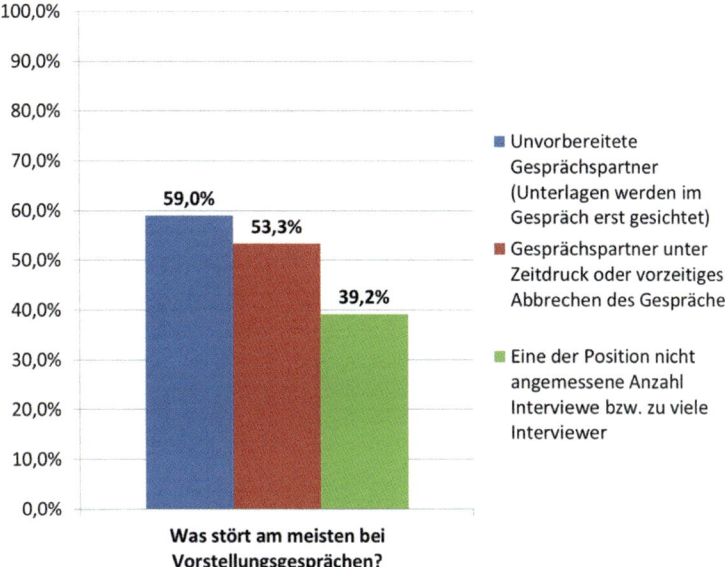

Abb. 3.3 Zufriedenheit mit dem Onboarding

Ansprechpartner
Für 80 % der Kandidaten ist es wichtig oder sehr wichtig, einen persönlichen Ansprechpartner zur ihrer Bewerbung im Unternehmen zu haben und jederzeit über den Status ihrer Bewerbung informiert zu sein (vgl. Wald und Athanas 2014).

Onboarding
Im Kap. 10 gehe ich auf das Thema Onboarding im Rahmen eines Candidate Experience Managements ein. Die Wichtigkeit des Themas steht außer Frage – und trotzdem sind viele Mitarbeiter mit dem Onboarding bzw. explizit mit der Unterstützung des Arbeitgebers für neue Mitarbeiter nicht zufrieden. Abbildung 3.3 zeigt: Nur 37,9 % der Teilnehmer der Studie „Recruiting in Deutschland 2013" gaben an, dass Sie mit der Unterstützung ihres Arbeitgebers für neue Mitarbeiter zufrieden sind (vgl. Lüerßen und Stickling 2013). Dies bedeutet im Umkehrschluss, dass knapp zwei Drittel der Teilnehmer dieser Aussage nicht zustimmen – also unzufrieden sind mit den Onboarding-Bemühungen des eigenen Arbeitgebers.

3.4 Auswirkungen einer positiven oder negativen Candidate

In der Diskussion darüber, ob das Thema Candidate Experience relevant ist oder nicht, kommt häufig die Frage auf, welche Auswirkungen durch eine positive oder negative Candidate Experience zu erwarten sind. Also, hat es überhaupt einen spürbaren Nachteil,

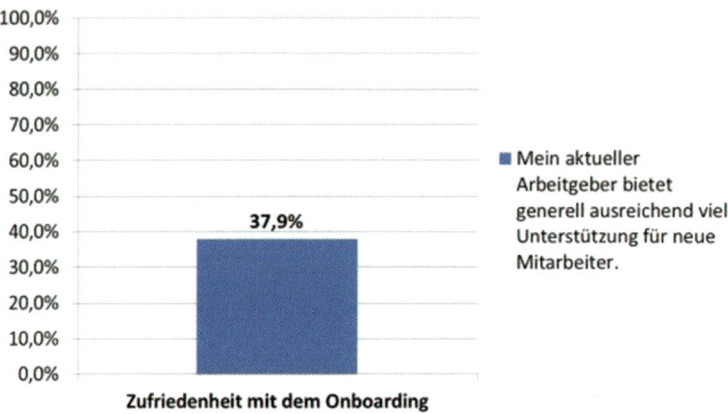

Abb. 3.4 Stellenwert von Candidate Experience

wenn meine Bewerber eine negative Candidate Experience haben? Und welchen Vorteil habe ich als Arbeitgeber davon, wenn meine Bewerber plötzlich eine gute Candidate Experience haben?

Es gibt sowohl direkte Effekte – also der Einfluss auf die Motivation der betroffenen Bewerber und damit auch auf die Neigung ein Jobangebot anzunehmen – als auch indirekte Effekte, wie beispielsweise Mund-zu-Mund-Propaganda, die Wahrscheinlichkeit, sich erneut beim Unternehmen zu bewerben etc.

In der Monster Studie in Abb. 3.4 geben 90 % der Teilnehmer an, dass die Candidate Experience – in diesem Fall die Erfahrung im Vorstellungsgespräch, ein wichtiges Entscheidungskriterium darstellt, ob man tatsächlich ein Job-Angebot annimmt. Dieses Kriterium ist ist sogar so entscheidend, dass 59,9 % der Teilnehmer angaben schon einmal ein explizites Job-Angebot abgelehnt zu haben, weil sie eine negative Candidate Experience hatten (vgl. Weitzel et al. 2015a).

Eine positive oder negative Candidate Experience hat nicht nur einen kurzfristigen Einfluss auf das aktuelle Bewerbungsverhalten. Sie beeinflusst auch, ob Bewerber das Unternehmen zu künftig als Arbeitgeber in Erwägung ziehen. Rund 84 % derjenigen mit einer positiven Bewertung der Candidate Experience würden sich erneut bei dem Unternehmen bewerben. Bei einer negativen Bewertung würden dies nur 13 % tun (vgl. Wald und Athanas 2014).

3.5 Fazit und Ausblick

Das Jahr 2014 war ein gutes Jahr mit Hinblick auf Studien und Umfragen zum Thema Candidate Experience im deutschsprachigen Bereich. Erstmals haben wir Vergleichswerte zu den großen internationalen Studien, auf die ich im nächsten Kapitel zu sprechen komme. Erstmals können wir prüfen, ob die Aussagen und Ableitungen dieser Studien auch auf den deutschen Bewerbermarkt zutreffen. Es bleibt zu hoffen, dass sich der Trend weiter fortsetzt und es sowohl in diesem Jahr als auch in den kommenden Jahren weitere interessante Studien zum Thema Candidate Experience im deutschsprachigen Bereich geben wird. Ein erster Schritt in die richtige Richtung sind die Candidate Experience Awards[2], welche erstmalig auch in der DACH-Region (Deutschland, Österreich, Schweiz) stattfinden und welche erfahrungsgemäß aus dem Ausland eine sehr gute Datenbasis für Optimierungspotenzial für den Bereich Candidate Experience liefern.

Die Zahlen für den deutschen Markt zeigen – wie auch die internationalen Vergleichszahlen – dass es noch eine Menge Nachholbedarf beim Thema Candidate Experience gibt. Dabei zeigen diese Studien tatsächlich nur die Spitze des Eisbergs. Zusammengefasst sehen Bewerber noch Optimierungspotenzial in der Geschwindigkeit und der Unkompliziertheit der Bewerbungsverfahren und teilweise auch an der Professionalität der Unternehmen.

Die Auswirkungen zeigen sich schon – Bewerber brechen im Bewerbungsprozess ab oder erzählen anderen potenziellen Bewerbern von schlechten Erfahrungen. Das bedeutet, dass es für Unternehmen deutlich schwerer wird, offene Stellen zu besetzen, wenn sie eine schlechte Candidate Experience vermitteln – auch wenn dieser Zusammenhang möglicherweise nicht immer sofort von Unternehmen erkannt oder geglaubt wird.

Literatur

Eisele, D., & Weller-Hirsch, L. (2014). Online Recruiting Studie 2014, Softgarden in Kooperation mit der Hochschule Heilbronn. http://www.softgarden.io/wp-content/uploads/2013/12/Recruiting-Studie_softgarden.pdf. Zugegriffen: 17. Mai 2015.

Kalaydo. (2012). Was nervt Sie bei der Jobsuche, Kalaydo.de. Zusammenfassung unter: http://content.kalaydo.de/pressemitteilungen/kalaydode-das-regionale-findernet-pressemitteilung/?tx_ttnews[tt_news]=185&cHash=98ff830d80cf6d440a834029b82b6954. Zugegriffen: 17. Mai 2015.

Lüerßen, H., & Stickling, E. (2013). Recruiting in Deutschland 2013 – Personalwirtschaft, Personalwirtschaft (Hrsg.). http://www.westpress.de/downloads/pw_studie_10_2013.pdf. Zugegriffen: 17. Mai 2015.

Wald, P., & Athanas, C. (2014). Candidate Experience Studie 2014, in Kooperation mit Stellenanzeigen.de.

Weitzel, T., et al. (2013). Recruiting trends 2013, Centre of Human Resources Information Systems – Otto-Friedrich Universität Bamberg und Monster Worldwide Deutschland GmbH, Zusammenfassung: http://arbeitgeber.monster.de/hr/personal-tipps/markte-analysen/studien/recruiting-trends.aspx. Zugegriffen: 16. Mai 2015.

Weitzel, T., et al. (2014). Recruiting trends 2014, Centre of Human Resources Information Systems – Otto-Friedrich Universität Bamberg und Monster Worldwide Deutschland GmbH.

Weitzel, T., et al. (2015a). Recruiting Trends 2015, Centre of Human Resources Information Systems – Otto-Friedrich Universität Bamberg und Monster Worldwide Deutschland GmbH.

---

[2] Weitere Informationen über die Candidate Experience Awards in der DACH Region finden Sie unter: www.thecandidateexperienceawards.de.

Weitzel, T., et al. (2015b). Bewerbungspraxis 2015, Centre of Human Resources Information Systems – Otto-Friedrich Universität Bamberg und Monster Worldwide Deutschland GmbH.
YouGov. (2014). Im Auftrag der 22Connect AG (Hrsg.) „Erwartungen von Bewerbern", (06/2014), http://blog.talentsconnect.com/yougov-studie-bewerbungen/ (Auszug). Zugegriffen: 16. Mai 2015.

Tim Verhoeven leitet das Recruiting und Personalmarketing bei der Unternehmensberatung BearingPoint. Zuletzt war er als Personalleiter für sämtliche Personalangelegenheiten des Modekonzerns TKN verantwortlich und davor hat er mehrere Stationen durchlaufen in den Bereichen Recruiting und Personalmarketing u. a. beim internationalen Kommunikationskonzern Vodafone und dem Marktführer im Bereich der elektrischen Verbindungstechnik Weidmüller. Er ist ein Vorreiter in Deutschland zum Thema Candidate Experience – als Berater, Blogger (NochEinPersonalmarketingBlog), Autor und Redner.

Zahlen, Daten, Fakten über Candidate Experience im internationalen Kontext

4

Aktuelle internationale Studienergebnisse und was wir davon in den deutschen Markt übernehmen können

Tim Verhoeven

Zahlen, Daten, Fakten

Inhaltsverzeichnis

4.1 Die Diskrepanz zwischen den Erwartungen der Bewerber
und den erfüllten Erwartungen durch die Unternehmen 26
4.2 Zufriedenheit mit Bewerbungsprozessen 27
4.3 Auswirkungen einer positiven oder negativen Candidate Experience 29
4.4 Feedback nach dem Bewerbungsprozess 31
Literatur 32

> **Zusammenfassung**
>
> Candidate Experience ist insbesondere im englischsprachigen Raum schon seit einigen Jahren ein Thema, zu welchem regelmäßige Studien und Umfragen durchgeführt werden. Da dies bisher im deutschsprachigen Raum noch eine Seltenheit ist, werden hier die relevantesten Studien und Umfrageergebnisse vorgestellt. Insbesondere betrachten wir dabei die „Candidate Experience Reports", die „Candidate Behavior Study 2013" und „The Candidate Experience 2013".

T. Verhoeven (✉)
BearingPoint, Speicherstr. 1, 60327 Frankfurt am Main, Deutschland
E-Mail: tim.verhoeven@bearingpoint.com

© Springer Fachmedien Wiesbaden 2016
T. Verhoeven (Hrsg.), *Candidate Experience,* DOI 10.1007/978-3-658-08896-5_4

4.1   Die Diskrepanz zwischen den Erwartungen der Bewerber und den erfüllten Erwartungen durch die Unternehmen

In Kap. 3 haben Sie bereits einen Überblick darüber erhalten, wie die Ergebnisse deutschsprachiger Studien zum Thema Candidate Experience in Deutschland ausschauen. Da die Beschäftigung mit dem Thema Candidate Experience in Deutschland noch etwas „hinterherhinkt" im Vergleich zum insbesondere englischsprachigen Ausland, gibt es schon seit einigen Jahren wiederkehrende Studien, die sich tiefergehend mit Candidate Experience beschäftigen – insbesondere mit Fokus auf die Wahrnehmung der Bewerber.

Im Folgenden möchte ich die relevantesten internationalen Studien und deren Ergebnisse vorstellen und zeigen, welche dieser Ergebnisse im deutschsprachigen Bereich adaptiert werden können. Wichtig bei der Betrachtung dieser Studien ist: Sie alle beziehen sich nicht explizit auf den deutschen oder deutschsprachigen Markt. Ableitungen auf die eigene Situation und die eigenen Bewerber sollte man also durchaus vorsichtig machen und sich vergegenwärtigen, dass es zwischen den Ländern, in denen diese Studien durchgeführt wurden (in der Regel Großbritannien oder USA), und Deutschland kulturelle Unterschiede in Bezug auf Mediennutzung aber auch im Bewerbungsverhalten gibt.

Dies liegt unter anderem an unterschiedlichen Gesetzen, die Einfluss auf das Bewerbungsverfahren haben, insbesondere in den USA. Auf der anderen Seite gibt es auch andere Dienstleister, die in den jeweiligen Ländern anderen Service für Bewerber anbieten, als dies in Deutschland der Fall ist. Trotzdem werden Sie sehen, dass es einige Ergebnisse gibt, die relativ deckungsgleich mit den Ergebnissen des deutschen Marktes sind.

Als erstes widmen wir uns der Problematik, dass es eine Diskrepanz zwischen dem gibt, was Bewerber bevorzugen, und dem, was Personaler machen beziehungsweise was Bewerber denken, was Personaler machen. In der Studie „The Candidate Experience 2013" wurden 995 Personaler befragt, was sie persönlich einerseits wichtig finden, wenn sie sich bewerben. Und andererseits, was sie ihrer Erfahrung nach glauben, was Personaler tatsächlich machen (vgl. Blackbridge et al. 2013, S. 8).

Die Abb. 4.1 zeigt sehr deutlich, wie groß diese Diskrepanz ist: 90 % der Bewerber dieser Umfrage halten es für sehr wichtig oder eher wichtig, wenn sie die Möglichkeit haben, persönlich weitere Fragen zu der Stellenbeschreibung stellen zu können, um Informationen zu erhalten, die über das hinausgehen, was in der Stellenanzeige steht. Dahingegen gehen nur rund ein Drittel der Bewerber davon aus, dass Personaler dies tatsächlich anbieten.

Abbildung 4.2 zeigt noch deutlicher, wie groß die Diskrepanz ist: 80 % der Bewerber dieser Umfrage halten es für sehr wichtig oder eher wichtig, wenn sie regelmäßig wöchentlich ein Statusupdate zu ihrer Bewerbung erhalten würden. Dahingegen geht nicht einmal einer von zehn Bewerbern davon aus, dass Personaler dies tatsächlich machen. Besonders interessant an den Ergebnissen von Abb. 4.1 und 4.2 ist die Tatsache, dass die befragten Bewerber allesamt aus dem Personalbereich kommen – und wahrscheinlich am besten einschätzen können, was andere Personaler machen beziehungsweise nicht machen.

Abb. 4.1 Wichtigkeit Rück-
fragen stellen zu können.
(Eigene Darstellung nach
Blackbridge et al. 2013)

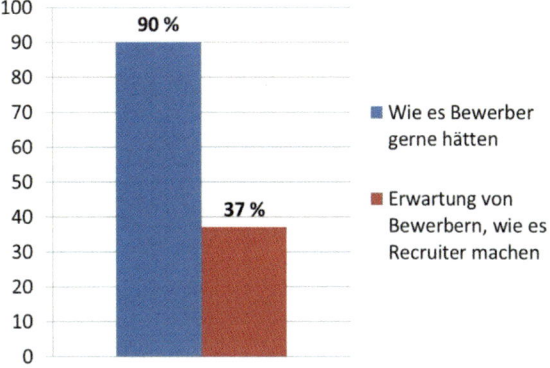

Abb. 4.2 Wichtigkeit
wöchentliches Update zum
Bewerbungsprozess. (Eigene
Darstellung nach Blackbridge
et al. 2013)

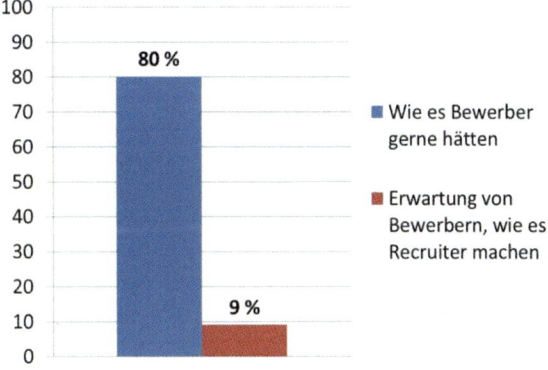

Auch in anderen Studien sieht die Zufriedenheit mit dem Informationsfluss der Unternehmen nicht gut aus: 74 % der Teilnehmer der „Candidate Behavior Study 2013" von Careerbuilder stimmten der Aussage „Unternehmen halten mich über den Status des Bewerbungsprozess auf dem Laufenden" nicht zu (vgl. Careerbuilder 2013, S. 16).

4.2   Zufriedenheit mit Bewerbungsprozessen

Im Kap. 5 werde ich den sogenannten Net Promoter Score (NPS) als Messinstrument für die Candidate Experience vorstellen. Ohne vorgreifen zu wollen, wird mit ihm die Weiterempfehlungsbereitschaft auf einer Skala von +100 bis −100 gemessen und er wird häufig genutzt, um Zufriedenheit mit Prozessen oder Kontaktpunkten zu messen. Die Studie „The Candidate Experience 2013" ist eine der ersten Studien, die ihn nutzt, um die Zufriedenheit mit Bewerbungsprozessen zu messen (vgl. Blackbridge et al. 2013, S. 12–13).

Abb. 4.3 Net Promoter Score insgesamt. (Eigene Darstellung nach Blackbridge et al. 2013)

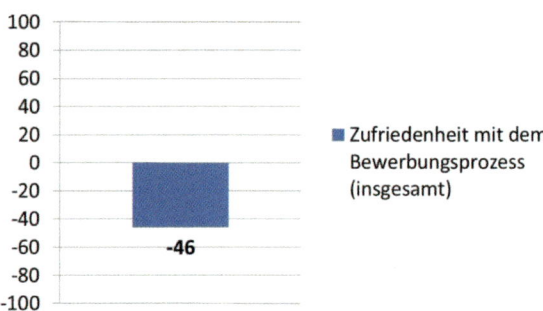

Abbildung 4.3 zeigt die Ergebnisse der Net-Promoter-Score-Befragung für die allgemeine Bewerbungszufriedenheit. Nur zwölf Prozent der Teilnehmer gelten auf der NPS-Skala als Promotoren, also Bewerber, die eine so hohe Zufriedenheit mit ihrem letzten Bewerbungsprozess bestätigen konnten, dass sie den Arbeitgeber weiterempfehlen würden. 30 % der Teilnehmer waren mittelmäßig zufrieden mit ihrem letzten Bewerbungsprozess und würden den Arbeitgeber eher nicht weiterempfehlen. 58 % der Teilnehmer gelten gemäß NPS-Skala als sogenannte Detraktoren, als Bewerber, die so wenig zufrieden mit ihrem letzten Bewerbungsprozess waren, dass sie den Arbeitgeber nicht weiterempfehlen würden. Dies führt zu einem sehr negativen Net Promoter Score von −46.

Besonders interessant in diesem Zusammenhang ist der Blick auf die Details. Es wurde bei der Befragung nämlich auch unterschieden, ob der letzte Bewerbungsprozess direkt bei einem Unternehmen war oder ob er über einen Personalberater lief. Abbildung 4.4 zeigt, dass die Zufriedenheit mit den Bewerbungsprozessen bei Personalberatern höher war als die Zufriedenheit mit den Bewerbungsprozessen bei den Unternehmen selbst. Dies zeigt zumindest tendenziell, dass die landläufige Meinung nicht richtig ist, dass Personalberater

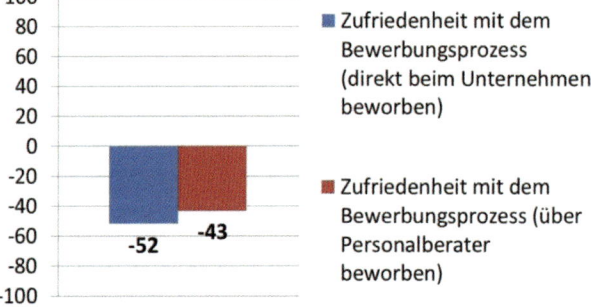

Abb. 4.4 Net Promoter Score im Detail. (Eigene Darstellung nach Blackbridge et al. 2013)

ihre Bewerber grundsätzlich schlecht behandeln. Mehr Details zum Thema Personalberater und deren Einfluss auf die Candidate Experience können Sie in Kap. 11 nachlesen.

Von denjenigen Bewerbern, die sich über einen Personalberater beworben haben, würden dies 78 % auf jeden Fall oder wahrscheinlich wieder tun (vgl. Blackbridge et al. 2013, S. 14). Dies zeigt in Summe, dass eine Akzeptanz von Personalberatern in Bewerbungsprozessen aus Sicht von Bewerbern vorliegt.

4.3 Auswirkungen einer positiven oder negativen Candidate Experience

Eine weitere interessante internationale Studie, deren Ergebnisse ich hier beleuchten möchte, ist der „Candidate Experience Report". Die Studie hat sich über die Jahre hinweg zur größten expliziten Candidate-Experience-Studie entwickelt und hat 2013 bereits mehr als 46.000 Bewerber beziehungsweise mehr als hundert Unternehmensvertreter interviewt.

Dort widmete man sich unter anderem der Frage nach den indirekten Auswirkungen von Candidate Experience. Egal, wie die Candidate Experience ausfällt – Bewerber sprechen mit einer gewissen Wahrscheinlichkeit darüber mit engen Freunden und teilen ihre Eindrücke auch in sozialen Netzwerken. Wie Abb. 4.5 verdeutlicht, würden 82,3 % aller Bewerber ihre positiven Erfahrungen in einem Bewerbungsprozess mit engen Freunden teilen – und 64,4 % aller Bewerber würden dies auch im Falle von negativen Erfahrungen tun. Gleichzeitig ist die grundsätzliche Bereitschaft, die Erfahrungen zu teilen, deutlich gestiegen im Vergleich zu 2012 (vgl. Crispin et al. 2014, S. 45).

Die gleiche Frage wurde im Kontext von Social Media gestellt: Würde man die Erfahrungen in sozialen Netzwerken teilen? Auch dort ist die gleiche Tendenz zu erkennen, wenngleich mit einer etwas geringeren Ausprägung, wie uns Abb. 4.6 zeigt.

Sowohl Abb. 4.5 als auch Abb. 4.6 verdeutlichen, wie wichtig es ist, die Candidate Experience seiner Bewerber im Blick zu behalten, da man im schlechtesten Fall nicht nur

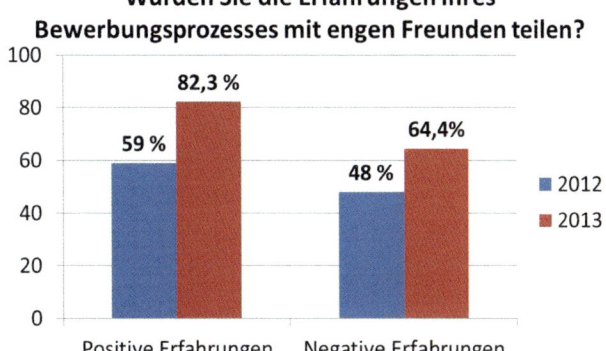

Abb. 4.5 Würden Sie Ihre Erfahrungen mit engen Freunden teilen. (Eigene Darstellung nach Crispin et al. 2014)

Abb. 4.6 Würden Sie Ihre
Erfahrungen via Social Media
teilen. (Eigene Darstellung
nach Crispin et al. 2014)

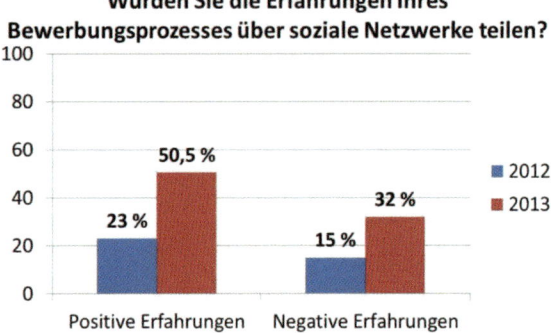

seine bisherigen Bewerber vergrault, sondern auch dafür sorgt, dass sich weniger weitere
Bewerber bei einem selbst bewerben.

Ob es im besten Fall zu einer regelrechten Empfehlung des Arbeitgebers kommt, korre-
liert stark mit der Candidate Experience. Wie Abb. 4.7 zeigt, würden 96,9 % aller Bewerber mit einer positiven Candidate Experience jemandem aus ihrem Bekanntenkreis empfehlen, sich bei dem Unternehmen zu bewerben. Bei den Bewerbern mit einer schlechten
Candidate Experience sind dies lediglich 33,2 %.

Zusammengefasst – eine gute Candidate Experience bei Ihren Bewerbern zahlt sich für
Sie aus. Zufriedene Bewerber sorgen für gute Mund-zu-Mund-Propaganda und generieren
wahrscheinlich Empfehlungen. Die Wahrscheinlichkeit, dass sich zufriedene Bewerber –
selbst bei einer Absage – noch einmal bei Ihnen bewerben würden, ist relativ hoch, denn
nur 4,9 % der Zielgruppe würden dies nicht noch einmal machen. Hatten die Bewerber
jedoch eine negative Candidate Experience, würden sich 72,8 % nicht noch einmal bei Ih-

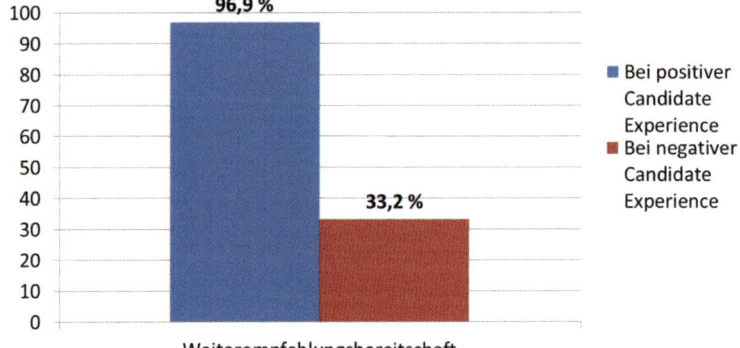

Abb. 4.7 Empfehlungsbereitschaft. (Eigene Darstellung nach Crispin et al. 2014)

nen bewerben – in einem schrumpfenden Bewerbermarkt ein fataler Wettbewerbsnachteil (vgl. Crispin et al. 2014, S. 42).

Nicht nur Ihr Arbeitgeberimage leidet, wenn Ihre Bewerber frustriert werden – auch Ihr Unternehmens-/Produktimage. Umgekehrt kann auch Ihr Unternehmens-/Produktimage davon profitieren, wenn Sie Ihre Bewerber begeistern. Es gibt eine nachgewiesene Interdependenz zwischen Arbeitgebermarke und Unternehmensmarke. Das zeigt sich auch daran, dass 23 % der Bewerber mit einer besonders guten Candidate Experience zukünftig mehr Produkte/Dienstleistungen des Unternehmens konsumieren möchten (vgl. Crispin et al. 2014, S. 44).

4.4 Feedback nach dem Bewerbungsprozess

Wie ich in Kap. 13 im Detail zeigen werde, ist ein persönliches Feedback nach dem Bewerbungsprozess eine gute Möglichkeit, wie sich Arbeitgeber positiv von anderen Arbeitgebern abheben können. Abbildung 4.8 zeigt, dass die meisten Bewerber immer noch Standard-E-Mails von unpersönlichen E-Mail-Adressen erhalten. Nur jeder zehnte Bewerber erhält eine persönliche E-Mail und gerade einmal 6,9 % aller Bewerber bekommen ein telefonisches Feedback – wovon wiederum nur die Hälfte ein qualitatives Feedback bekommt (vgl. Crispin et al. 2014, S. 27). Es zeigt sich hier also, dass man sich mit Feedback von mehr als 80 % der Konkurrenz abheben kann, wenn man es persönlich an die Bewerber gibt.

Punkten können Arbeitgeber auch durch einen schnellen Prozess der Online-Bewerbung. Fast die Hälfte der Bewerber dieser Studie hat mehr als 30 min für die Online-Bewerbung investieren müssen. Wohingegen nur knapp über 20 % der Bewerber die Online-

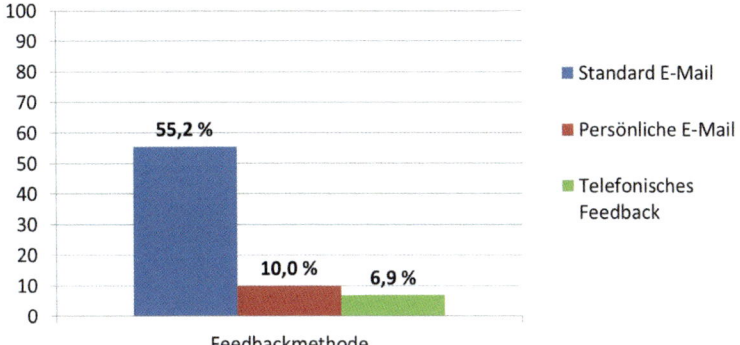

Abb. 4.8 Feedbackmethoden nach dem Bewerbungsprozess. (Eigene Darstellung nach Crispin et al. 2014)

Bewerbung in weniger als 15 min absolvieren konnten (vgl. Crispin et al. 2014, S. 30). Auch hier ist die Möglichkeit gegeben, sich von einem Großteil der Konkurrenz zu differenzieren.

Literatur

Blackbridge, better blaced, & Personnel Today. (Hrsg.). (2013). The candidate experience 2013. www.personneltoday.com https://s3-eu-west-1.amazonaws.com/rbi-communities/wp-content/uploads/sites/8/2013/12/The_Candidate_Experience_2013.pdf. Zugegriffen: 14. Mai 2015.

Careerbuilder. (Hrsg.). (2013). Candidate behavior study 2013, Today's job candidate: Ever mobile, always on, Careerbuilder LLC.

Crispin, G., Burnett, M., Clayton, P., Dingee, K., Gotkin, B., Hudson, C., Murphy, J., Oravec, D., Orler, E., Sung, B., & Tice, D. (2014). The candidate experience report 2013 – a.k.a. „Candidate Experience 2013".

Tim Verhoeven leitet das Recruiting und Personalmarketing bei der Unternehmensberatung BearingPoint. Zuletzt war er als Personalleiter für sämtliche Personalangelegenheiten des Modekonzerns TKN verantwortlich und davor hat er mehrere Stationen durchlaufen in den Bereichen Recruiting und Personalmarketing u. a. beim internationalen Kommunikationskonzern Vodafone und dem Marktführer im Bereich der elektrischen Verbindungstechnik Weidmüller. Er ist ein Vorreiter in Deutschland zum Thema Candidate Experience – als Berater, Blogger (NochEinPersonalmarketingBlog), Autor und Redner.

Die Candidate Journey und Touchpoints

Ansätze zur systematischen Betrachtung und Strukturierung der verschiedenen Kontaktpunkte zwischen Bewerber und Arbeitgeber – mit Ideen zur Messbarkeit

5

Tim Verhoeven

Inhaltsverzeichnis

5.1   Einleitung 34
5.2   Die Candidate Journey 36
5.3   Messung nach Phasen der Candidate Journey 37
5.4   Net Promoter Score als Messinstrument der Candidate Journey 39
5.5   Touchpoints 41
5.6   Fazit 42
Literatur 43

Zusammenfassung

Wenn man sich mit dem Thema Candidate Experience beschäftigen möchte, muss man es ganzheitlich tun. Man muss sich also mit sämtlichen Kontaktpunkten zwischen Arbeitgeber und Bewerber auseinandersetzen – eine Betrachtungsweise, mit der man dies machen kann ist die Candidate Journey. Daneben wird mit der Net-Promoter-Methode ein Ansatz geliefert, wie man die Candidate Experience übergreifend über alle Kontaktpunkte messen kann.

T. Verhoeven (✉)
BearingPoint, Speicherstr. 1, 60327 Frankfurt am Main, Deutschland
E-Mail: tim.verhoeven@bearingpoint.com

© Springer Fachmedien Wiesbaden 2016
T. Verhoeven (Hrsg.), *Candidate Experience*, DOI 10.1007/978-3-658-08896-5_5

5.1 Einleitung

Eine der größeren Herausforderungen innerhalb des Candidate Experience Managements – ähnlich wie beim Employer Branding – stellt sich mit der Frage der Messbarkeit und der Herausarbeitung von Key Performance Indicators, also messbaren Erfolgsindikatoren (vgl. Quenzler und Schuler 2011). Im weiteren Verlauf möchte ich ein paar Methoden und Theorien in diesem Kontext näher beleuchten. Sowohl aus methodischer Sicht als auch aus meiner Praxiserfahrung gibt es Methoden, die sich eher eignen als andere und tendenziell mehr Vorteile als Nachteile mit sich bringen. Dabei soll nicht außer Acht gelassen werden, welche Probleme es geben kann und was passiert, wenn man sich für eine unpassende Messmethode entscheidet.

Candidate Journey – früher und heute
Die Herausforderung ist, dass sich jede Candidate Journey von einer anderen unterscheidet, da der Weg einer Candidate Journey nicht mehr linear ist.

Früher
Früher gab es eine deutlich überschaubarere Anzahl an Touchpoints, über die ein Bewerber oder Bewerbungs-Interessierter in Kontakt mit einem Arbeitgeber treten konnte. Stellenanzeigen wurden klassisch in den regionalen und je nach Position auch in den überregionalen Zeitungen ausgeschrieben. Viele alternative Informationsquellen gab es früher nicht – vielleicht noch die Empfehlung eines Mitarbeiters. Da blieb vielen Bewerbern nichts anderes übrig, als die heute teilweise verpönte Initiativbewerbung zu schreiben – natürlich, wie alles in dieser Zeit, als haptische Bewerbung.

Beispiel

Michael Mustermann möchte sich bei Volkswagenwerk AG bewerben. Er hat beim Frühstück am Wochenende eine tolle Stellenanzeige als Prokurist in seiner Heimatstadt in Frankfurter Allgemeinen gesehen. Also setzt er sich umgehend an seine Schreibmaschine und schreibt ordentlich seine Bewerbungsunterlagen. Diese schickt er per Post ab. Drei Wochen später bekommt er eine postalische Einladung zu einem persönlichen Vorstellungsgespräch. Um sich für das Vorstellungsgespräch vorzubereiten, spricht Michael mit einem früheren Schulkollegen, denn der arbeitet bei Volkswagen – zwar nicht in dem Bereich, in dem Michael später arbeiten möchte, aber besser ein Spatz in der Hand als eine Taube auf dem Dach, denkt sich Michael.

Heute Heutzutage sieht die Situation schon anders aus. Nahezu täglich liest man von neuen Online-Jobbörsen, Karriere-Netzwerken, sozialen Netzwerken, virtuellen und nicht-virtuellen Jobmessen, sodass man selbst als professioneller und gut informierter Personaler nicht in der Lage ist, einen tagesaktuellen Überblick zu bekommen. Dadurch sind sowohl die Informations- als auch Kommunikationskanäle in den letzten Jahren exponentiell gestiegen. Gleichzeitig hat aber auch ein Wechsel der Inhalte beziehungsweise Inhaltsanbieter stattgefunden. Durch die flächendeckende Verbreitung des Internets und die Entwicklung zum Web 2.0 hat der sogenannte User Generated Content (vgl. Bauer 2011) stark zugenommen – in diesem Fall der Inhalt, der nicht vom Arbeitgeber selbst ins Netz gestellt wird, sondern der von anderen Internetnutzern über den Arbeitgeber, durch beispielsweise Arbeitgeberbewertungen bei Kununu, veröffentlicht wird.

Beispiel

Michaela Musterfrau möchte sich bei der Volkswagen AG bewerben. Sie hat in der Bahn vom Stepstone-Jobagenten eine E-Mail mit einer interessanten Stellenanzeige von Volkswagen auf ihr Smartphone bekommen. Sie hat zwar schon das eine oder andere Mal einen Mitarbeiter von Volkswagen auf Karrieremessen getroffen, aber sie möchte lieber neutrale Informationen. Deshalb prüft sie zunächst bei Xing, ob sie jemanden kennt, der bei Volkswagen gearbeitet hat oder noch dort arbeitet. Bei mehr als tausend Kontakten ist schnell jemand gefunden, der sogar bis vor Kurzem im selben Bereich gearbeitet hat. Schnell angeschrieben und dann die Arbeitgeberbewertungen bei Kununu geprüft – da steht viel – zu viel. Dann schaut sich Michaela in der Bahn noch schnell die Karriereseite von Volkswagen an. Sie bewirbt sich über das Bewerbermanagementsystem und bekommt sofort eine Eingangsbestätigung.

Der Weg vom ersten Wahrnehmen eines Unternehmens als Arbeitgeber bis zur tatsächlichen Einstellung ist deutlich länger, komplizierter und weniger (für Unternehmen) steuerbar geworden. Da es mehr potenzielle Kontaktpunkte zwischen Bewerber und Unternehmen gibt und man als Unternehmen nicht automatisch weiß, welche Kontaktpunkte ein Bewerber alles durchlaufen hat, ist es am sinnvollsten, wenn man versucht, möglichst viele Kontaktpunkte auf deren Candidate Experience und deren Einfluss auf die Candidate Experience zu messen.

> ▶ **Wichtig** Jede Candidate Journey ist individuell und in der heutigen Zeit kann
> man keine typische Candidate Journey skizzieren, welche von allen Bewerbern
> gleich durchlaufen wird. Deswegen muss man sich auf die einzelnen Bestand-
> teile der Candidate Journey fokussieren – die Touchpoints.

Alle Touchpoints lassen sich auf drei zeitliche Dimensionen aufteilen, damit man es einfacher beziehungsweise übersichtlicher hat: vor dem Bewerbungsprozess, während des Bewerbungsprozesses und nach dem Bewerbungsprozess.

5.2 Die Candidate Journey

Die Candidate Journey ist die Bezeichnung für die Summe an direkten und indirekten Touchpoints, über die ein Bewerber während des kompletten Prozesses mit einem Unternehmen in Berührung kommt. Sie leitet sich von der Customer Journey ab, welche im Customer Experience Management genutzt wird. Um die Candidate Journey etwas strukturierter und übersichtlicher zu betrachten, sollte man die komplette Prozesskette in einzelne Phasen unterteilen. Welche Phasen man nimmt, bleibt einem selbst überlassen und hängt von den eigenen Ansprüchen ab. Die einfachste Betrachtungsweise geht von drei Phasen aus: vor dem Bewerbungsprozess, während des Bewerbungsprozesses und nach dem Bewerbungsprozess. Etwas detaillierter wiederum ist das 6-Phasen-Modell, welches jede der drei oben genannten Phasen noch einmal in zwei weitere Phasen aufteilt (vgl. Verhoeven 2012) und sich inhaltlich dem AIDA-Modell annähert (vgl. Lewis 1903).

Beispielhaft werde ich am 6-Phasen-Modell die verschiedenen Phasen erklären und zuordnen, welche Touchpoints dorthin eingeordnet werden können.

Das 6-Phasen-Modell (Abb. 5.1) verdeutlicht den Ideal-Prozess, den ein (potenzieller) Bewerber durchlaufen kann. Er wird auf das Unternehmen aufmerksam, beispielsweise durch eine Imageanzeige (1. Anziehung), informiert sich dann über verschiedene Kanäle, wie etwa die Karrierewebseite oder Kununu über das Unternehmen und dessen Jobangebote (2. Information), bewirbt sich bei dem Unternehmen (3. Bewerbung), nimmt am Auswahlprozess durch Bewerbungsgespräche, Assessment-Center oder ähnliches (4. Auswahl) teil, bekommt eine Zusage und fängt bei dem Unternehmen an (5. Onboarding) und erlebt den Arbeitsalltag des Unternehmens (6. Bindung). Wenn man die Reaktionen an verschiedenen Kontaktpunkten misst und gesammelt betrachtet, spricht man vom Candidate Journey Mapping (Abb. 5.2) – idealerweise weist man jedem Kontaktpunkt auch noch eine Relevanz zu.

Abb. 5.1 Das 6 Phasen Modell

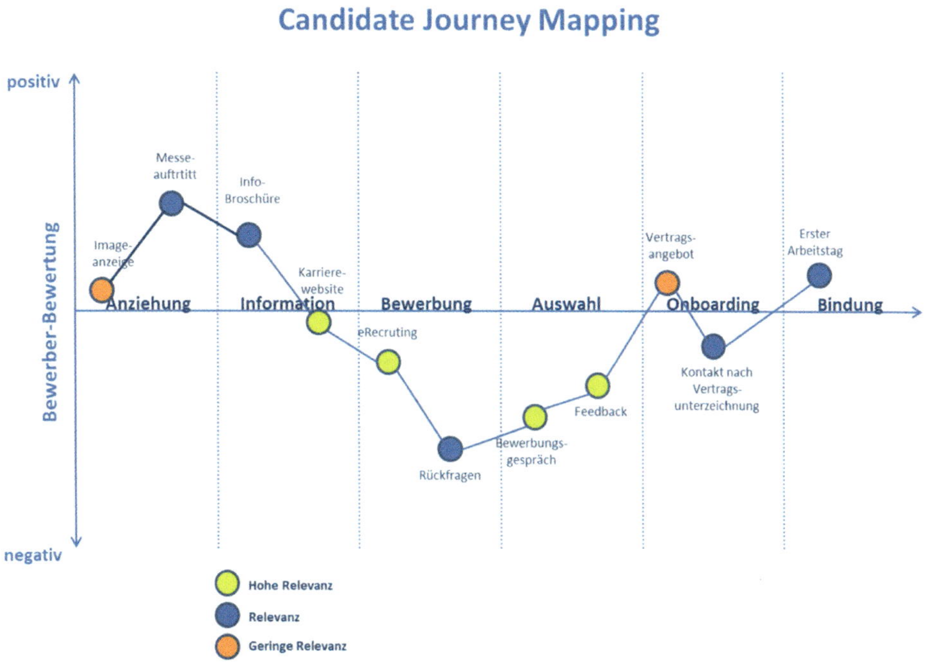

Candidate Journey Mapping

Abb. 5.2 Candidate journey mapping

5.3   Messung nach Phasen der Candidate Journey

Die Tab. 5.1 zeigt, was man bei einer Messung der Candidate Experience in verschiedenen zeitlichen Phasen beachten sollte. Wenn man als Arbeitgeber entscheiden möchte, wann man seine Candidate Experience messen möchte, dann ist es wichtig, dass man nicht versucht, die Candidate Experience nur an einem Kontaktpunkt und/oder nur einer Phase zu messen. Meiner Erfahrung nach ist hier ein gesunder Mix gefragt.

Tab. 5.1 Messmöglichkeiten

Zeitpunkt	Beispiele	Vorteil	Nachteil
Vor der Bewerbung	Auf Karrieremessen; Pop-Ups auf der Karriereseite	Man bekommt die höchste Fallzahl; man erkennt, wer sich gegen eine Bewerbung entscheidet	Man kontaktiert auch Personen, die grundsätzlich kein Interesse hatten, sich zu bewerben
Beginn des Bewerbungsprozesses	Gemeinsam mit einer Eingangsbestätigung; oder nach einer Registrierung bei einem E-Recruiting-System	Man bekommt eine hohe Fallzahl. Insbesondere technische Hürden werden schnell sichtbar	Falls das E-Recruiting-System umständlich beziehungsweise zeitintensiv ist, kann es sein, dass Bewerber keine Lust haben, noch an einer Befragung teilzunehmen

Tab. 5.1 (Fortsetzung)

Zeitpunkt	Beispiele	Vorteil	Nachteil
Während des Bewerbungs-prozesses *vor der Entscheidung*	Direkt nach einem Vorstellungsgespräch/ Telefoninterview oder Assessment-Center	Bewerbern ist die Wahrnehmung noch sehr bewusst. Man bekommt Feedback von allen – unabhängig, ob sie eine Zusage bekommen oder nicht. Da man noch im Bewerbungsprozess ist, wird die Wahrscheinlichkeit hoch sein, dass Bewerber an der Befragung teilnehmen	Man kann davon ausgehen, dass es hier Verzerrungseffekte gibt, da die Bewerber befürchten könnten, dass ein negatives Feedback ihre Chancen auf ein „Weiterkommen" schmälert
Während des Bewerbungs prozess *nach Entscheidung*	Nach der Übermittlung des Feedbacks (Zusage oder Absage)	Der Bewerber wird offen und ohne Vorbehalt antworten	Möglicherweise Verzerrung durch hohe Emotionalität der Bewerber – direkt nach der Entscheidung (entweder sehr positiv oder sehr negativ)
Beim Onboarding	Im Rahmen einer Onboarding-Veranstaltung oder einzeln am ersten Arbeitstag persönlich	Man hat in der Regel die Möglichkeit, recht umfangreiche Befragungen/Interviews zu machen; geringer Aufwand, neue Mitarbeiter zur Teilnahme zu bewegen	Es werden hierbei nur diejenigen berücksichtigt, die sich für das Unternehmen entschieden haben und für die sich das Unternehmen entschieden hat
3 bis 6 Monate nach Einstieg	Beispielsweise bei einem Probezeitgespräch	Bewerber können das „Versprochene" des Bewerbungsprozesses auf dessen Wahrheitsgehalt prüfen; geringer Aufwand, Mitarbeiter zur Teilnahme zu bewegen	Es werden hierbei nur diejenigen berücksichtigt, die sich für das Unternehmen entschieden haben und für die sich das Unternehmen entschieden hat
			Details des Bewerbungsprozesses sind möglicherweise nicht mehr so präsent
Längere Mitarbeiter		Geringer Aufwand, Mitarbeiter zur Teilnahme zu bewegen	Es werden hierbei nur diejenigen berücksichtigt, die sich für das Unternehmen entschieden haben und für die sich das Unternehmen entschieden hat
		Gibt einen historischen Blick auf Dinge, die möglicherweise gar nicht mehr angewandt werden, aber möglicherweise sehr gut waren	Sehr starke Verzerrung, da die Bewerbungen in der Regel schon länger zurückliegen

5.4 Net Promoter Score als Messinstrument der Candidate Journey

Ein Thema, an dem sich „die Geister scheiden", ist die Frage: Was sollen wir Bewerber an den Kontaktpunkten fragen? Letzten Endes geht es dabei immer um die Abwägung zwischen zwei diametralen Interessen: Auf der einen Seite geht es um eine möglichst hohe Aussagekraft und auf der anderen Seite um eine möglichst hohe Praktikabilität.

Einerseits möchte man als Arbeitgeber möglichst viele Informationen vom Bewerber bekommen. Andererseits möchte man es dem Bewerber so einfach wie möglich machen, dass er auch tatsächlich die Befragung bis zum Ende durchführt. Aber: Je umfangreicher eine Befragung ausfällt und je länger und komplizierter sie dadurch wird, desto geringer ist die Motivation des Befragten, diese Befragung bis zum Ende durchzuführen.

Eine Kennzahl (und in dem Zusammenhang ein komplettes System), welche ich in den letzten Jahren sehr gerne und zufriedenstellend angewandt habe, um die Candidate Experience an verschiedenen Kontaktpunkten zu messen, ist der Net Promoter Score. Der Net Promoter Score (NPS) ist eine Kennzahl, welche erstmalig von Frederick Reichheld vorgestellt wurde (vgl. Reichheld 2003). Der NPS wurde schnell populär, was sich daran zeigt, dass sich mittlerweile viele Unternehmen (u. a. Vodafone, Apple, Ebay, Facebook, Google) mit dem Net Promoter Score messen und so auch vergleichen lassen. Er ist durch seine Einfachheit dazu prädestiniert, von Unternehmen mit vielen Kundenkontakten genutzt zu werden.

Die Idee, den NPS auch für unser Candidate Experience Management zu nutzen, kam uns, weil der NPS bei meinem damaligen Arbeitgeber als die zentrale Messgröße im Bereich Customer Experience Management genutzt wurde. Jede Art des Kundenkontaktes wurde mit dem NPS gemessen – sowohl beispielsweise Anrufe im Call-Center, Käufer in unseren Filialen als auch Nutzer unseres Online-Shops. Somit war eine grundlegende Bereitschaft und ein entsprechendes Verständnis in meinem Unternehmen vorhanden, mit dieser Messgröße zu arbeiten. Prozessual betrachtet haben wir schnell gesehen, dass sich diese Methode auch nahezu eins zu eins vom Verhältnis Unternehmen zu Kunde auf das Verhältnis Unternehmen zu Bewerber übertragen lässt.

Der NPS misst streng genommen die Bereitschaft zur Weiterempfehlung von Produkten, Dienstleistungen, Marken oder eben auch von Arbeitgebern.

> Würden Sie [Produkt/Marke/Dienstleistung oder beispielsweise einen Arbeitgeber] einem guten Freund oder Verwandten weiterempfehlen?
> *0 (sehr unwahrscheinlich) – 10 (sehr wahrscheinlich)*

Diese Frage ist das Kernelement des sogenannten Net Promoter Scores. Wichtige Ergänzung dazu ist noch die Frage nach einer Begründung, warum man sich so entschieden hat. Je nach Antwort werden die Ergebnisse der ersten Frage in drei Gruppen eingeteilt. Dies ist in Tab. 5.2 dargestellt.

Der Net Promoter Score berechnet sich wie folgt:

$$NPS = \%Promotoren - \%Detraktoren$$

Tab. 5.2 NPS-Klassifizierung

NPS-Klassifizierung	Bedeutung
Promotoren (9–10)	Sie sind die waren Fans der Marke. Bei ihnen geht man davon aus, dass sie auch anderen Menschen von ihren positiven Erfahrungen erzählen. Sie werden Sie als Arbeitgeber sehr wahrscheinlich weiterempfehlen. Möglichst viele Promotoren zu kreieren, ist das oberste Ziel des Net Promoter Systems
Neutrale (7–8)	Sie sind genau in der Mitte – sie schaden Ihnen nicht, werden Sie aber auch nicht unbedingt als Arbeitgeber weiterempfehlen
Detraktoren (0–6)	Sie sind nicht wirklich begeistert von der bisherigen Erfahrung. Sie werden Sie als Arbeitgeber nur extrem unwahrscheinlich weiterempfehlen. Im schlimmsten Fall werden sie sogar Negatives über Sie berichten

Dadurch kann das Ergebnis ein Wert von -100 bis $+100$ sein. Ein negativer Wert ist grundsätzlich als schlecht zu interpretieren. Ein Wert von mindestens 0 wir dabei als gut angesehen, ein Wert ab $+50$ gilt als exzellent. Da diese Richtlinien aber noch keine längeren Erfahrungswerte für den Personalbereich beinhalten, kann man hier meiner Erfahrung nach auch noch eine feinere oder leicht veränderte Abstufung machen. Es geht insbesondere nicht nur darum, eine spezielle Zielzahl zu erreichen, sondern den NPS permanent zu verbessern. Um dies zu verdeutlichen, zeige ich hier die NPS-Werte einer Studie mit knapp 1000 Teilnehmern über deren Candidate Experience. Der NPS lag dort bei -46[1] (vgl. blackbridge et al. 2013, S. 12).

> **Beispiel**
>
> Ein Unternehmen misst an seinen Kontaktpunkten die Weiterempfehlungsbereitschaft von Bewerbern, um dadurch einen guten Indikator für deren Candidate Experience zu bekommen. Nach den ersten 1000 Bewerbern berechnet das Unternehmen das erste mal seinen Net Promoter Score. Tabelle 5.3 zeigt die Beispielrechnung dieses Unternehmens, welches den Net Promoter Score nutzt. Es wurden 1000 Bewerber nach deren Bewerbung befragt. Es ergibt sich dabei folgende Häufigkeitsverteilung auf die Antworten, die in Tab. 5.3 dargestellt ist.
>
> Daraus ergeben sich Verteilungen in die Gruppen:
> 335 Detraktoren (Werte 0–6),
> 292 Neutrale (Wert 7–8)
> 373 Promotoren (Werte 9–10).
> Der Net Promoter Score ist also:
> % Promotoren − % Detraktoren = NPS
> **(373/1000 * 100) − (335/1000 * 100) = 3,8**
> Unser beispielhaftes Ergebnis wäre also mit einem Wert von 3,8 ein leicht gutes Ergebnis, wenngleich auch noch mit Luft nach oben.

---

[1] Es wurde dabei nach der Gesamtbewertung des Recruiting-Prozesses gefragt. Zwölf Prozent waren Promotoren, 30 % Neutrale und 58 % Detraktoren.

Tab. 5.3 Beispielhafte Berechnung Net Promoter Score

Wert	0	1	2	3	4	5	6	7	8	9	10
n	10	15	23	20	79	90	98	778	780	203	170

Die Befürworter des Net Promoter Scores halten zu Gute, dass es eine starke Korrelation zwischen dem Net Promoter Score und dem Unternehmenserfolg gibt und dass der Net Promoter Score durch seine Einfachheit punktet (vgl. Paulus o. J.). Gegner des Net Promoter Scores sehen genau da seine Schwachstelle – er sei zu simpel, um den Vergleich mit komplexeren Fragemethoden standzuhalten (vgl. Ruf 2007). Meiner Meinung nach muss jedes Unternehmen für sich abwägen, mit welchen Methoden es seine Candidate Experience messen möchte.

Seine Einfachheit und leichte Verständlichkeit hat wiederum dazu geführt, dass der NPS mittlerweile ein häufiger genutztes Tool ist, um die Candidate Experience zu messen; insbesondere seit 2014 in den USA. Selbst der US-amerikanische Candidate-Experience-Guru Gerry Crispin hat 2014 seine eigene Interpretation des NPS im Kontext von Candidate Experience vorgestellt – den Net Candidate Experience Score (vgl. Crispin 2014).

Ich habe bei meinen vorherigen Arbeitgebern sehr gute Erfahrungen mit der Einführung des Net Promoter Scores im Rahmen des Candidate Experience Managements gesammelt. Man sollte sich nur darauf gefasst machen, dass man möglicherweise erklären muss, warum man denn so eine auf den ersten Blick banale Umfragemethode wählt und nicht die klassische, langwierige, mehrere Seiten füllende Umfrage. Lassen Sie es auf einen Test ankommen – die überaus hohe Rückmeldequote bei der Net-Promoter-Befragung wird schnell die meisten Zweifler verstummen lassen.

5.5 Touchpoints

Ein Bewerber hat eine Vielzahl von Kontaktpunkten mit einem Arbeitgeber im Rahmen seiner Candidate Journey. Manche davon kann der Arbeitgeber mit gestalten und andere nicht. Gerne übersieht man, wie viele verschiede Touchpoints es mit dem Bewerber gibt. Um dies beispielhaft zu verdeutlichen, habe ich eine Auflistung von sämtlichen Formen der Standard-Kommunikation erstellt, welche im Rahmen des Bewerbungsprozesses stattfinden und durch ein Bewerbermanagementsystem abgewickelt werden (Tab. 5.4). Dabei komme ich auf 37 Touchpoints. Eine so große Anzahl für eine einzige Kommunikationsart (Bewerbermanagementsystem) klingt zwar schon einmal sehr viel, aber es ist wiederum nur ein kleiner Teil, wenn man alle Touchpoints betrachtet.

Die Tab. 5.4 zeigt die enorme Tiefe der verschiedenen Touchpoints. Hätte man anfangs vielleicht noch bei einer Aufzählung von Touchpoints den Punkt „Standard-Kommunikation durch das Bewerbermanagementsystem" als einen einzelnen Punkt aufgenommen, sieht man nun, dass es knapp 40 verschiedene Punkte sind, welche allesamt geprüft und im Zweifel optimiert werden müssen.

Tab. 5.4 Kontaktpunkte Bewerberkommunikation durch ein Bewerbermanagementsystem

Bewerbermanagementsystem und dessen Usability	Zwischenbescheid, wenn der Prozess etwas länger dauert	Einladung zum Vorstellungs-gespräch, normal
Eingangsbestätigung normal	Zwischenbescheid für Initiativbewerbungen	Einladung zum Vorstellungs-gespräch, nach Video-/Telefoninterview
Eingangsbestätigung für Initiativbewerbungen	Anschreiben, wenn Bewerbungsunterlagen unvollständig sind	Einladung zum Vorstellungs-gespräch, normal
Eingangsbestätigung Mitarbeiterempfehlungsprogramm	Einladung zum Telefoninterview, normal	Einladung zum Video-Interview, normal
Eingangsbestätigung Traineeprogramm	Einladung zum Telefoninterview, Initiativbewerbung	Einladung zum 2. Vorstellungsgespräch
Eingangsbestätigung für Papierbewerbungen	Absage nach Vorauswahl, normal	Einladung zum Assessment-Center, normal
Eingangsbestätigung für Azubi-Stellen	Absage nach Vorauswahl, Initiativbewerbung	Einladung zum Assessment-Center, Traineeprogramm
Eingangsbestätigung für nach-gereichte Unterlagen	Absage nach Vorauswahl, Azubi	Einladung zum Assessment-Center, Azubis
Terminverschiebung	Absage nach Vorauswahl, Traineeprogramm	Einladung zum Online-Test
Terminbestätigung nach mündlicher Terminvereinbarung	Absage nach Vorauswahl, Papierbewerbung	Absage nach 1. Interview
Nachforderung fehlender Bewerbungsunterlagen	Absage nach Vorauswahl, Mitarbeiterempfehlungsprogramm	Absage nach 2. Interview
	Absage nach Telefoninterview, normal	Absage nach Assessment-Center
	Absage nach Telefoninterview, initiativ	Absage nach Online-Test

5.6 Fazit

Die Candidate Journey ist eine Betrachtungsweise, welche es ermöglicht, sich ganzheit-lich mit dem Thema Candidate Experience zu beschäftigen. Durch eine regelmäßige Messung an allen (relevanten) Kontaktpunkten kann man einen guten Überblick darüber bekommen, wie die Candidate Journey von Bewerbern aussieht und welche Candidate Experience diese haben. Gleichzeitig kann man auf diese Art auch ermitteln, an welchem Punkt innerhalb der Prozesskette das Risiko am größten ist, dass Bewerber aussteigen be-ziehungsweise Bewerbungsinteressierte erst gar nicht zu Bewerbern werden.

Der Net Promoter Score ist eine Messmethode, mit der man verhältnismäßig leicht die oben genannten Daten ermitteln kann. Er überzeugt durch seine Einfachheit und die damit verbundene hohe Rücklaufquote im Vergleich zu anderen Befragungen. Die Ergebnisse der NPS-Befragungen sind ein Bestandteil der permanenten Optimierung seiner eigenen Prozesse. Dadurch kann man es schaffen, seine eigenen Recruiting-Ziele besser und schneller zu erreichen und seine Key Performance Indicators im Recruiting zu verbessern.

Literatur

Bauer, A. (2011). *User Generated Content – Urheberrechtliche Zulässigkeit nutzergenerierter Medieninhalte* (S. 7 ff.). Springer: Berlin.

blackbridge, better blaced, & Personnel Today. (Hrsg.). (2013). www.personneltoday.com. https://s3-eu-west-1.amazonaws.com/rbi-communities/wp-content/uploads/sites/8/2013/12/The_Candidate_Experience_2013.pdf. Zugegriffen: 14. Mai 2015.

Crispin, G. (2014). NET Candidate Experience Score Part I: Measuring Employer Brand From Candidates' Perspective, CareerXroads Blog. http://blog.careerxroads.com/2014/04/net-candidate-experience-score-part-i.html. Zugegriffen: 1. April 2015.

Lewis, E. (1903). Catch-Line and Argument. *The Book-Keeper, 15,* 124.

Paulus, M. (o. J.). Wie funktioniert der Net Promoter Score (NPS)?, auf www.net-promoter.de. http://www.net-promoter.de/methode-des-nps.html. Zugegriffen: 2. Mai 2015.

Quenzler, A., & Schuler, D. (2011). Nichts für Dünnbrettbohrer. Erschienen in Personalwirtschaft – Magazin für Human Resources 06/2011 „HR-Benchmarking – Zahlen, aber bitte die richtigen" (S. 28–30).

Reichheld, F. (2003). The number one you need to grow. *Harvard Business Review, 12,* 47–54.

Ruf, S. (2007). In Verband Schweizer Markt- und Sozialforscher (Hrsg.), Würden Sie diese Methode einem Freund empfehlen? (S. 38–40). (Jahrbuch 2007). Zürich.

Verhoeven, T. (2012). Candidate Experience: #1 Die Theorie, Noch Ein Personalmarketing Blog. http://nocheinpersonalmarketingblog.blogspot.de/2012/09/candidate-experience-1-die-theorie.html. Zugegriffen: 4. März 2015.

Tim Verhoeven leitet das Recruiting und Personalmarketing bei der Unternehmensberatung BearingPoint. Zuletzt war er als Personalleiter für sämtliche Personalangelegenheiten des Modekonzerns TKN verantwortlich und davor hat er mehrere Stationen durchlaufen in den Bereichen Recruiting und Personalmarketing u. a. beim internationalen Kommunikationskonzern Vodafone und dem Marktführer im Bereich der elektrischen Verbindungstechnik Weidmüller. Er ist ein Vorreiter in Deutschland zum Thema Candidate Experience – als Berater, Blogger (NochEinPersonalmarketingBlog), Autor und Redner.

Praxisbeispiel Swisscom: Entwickeln einer Candidate Experience mit Human-Centered-Design-Methoden

6

Nicole Hurni

Wer immer tut, was er schon kann, bleibt immer das, was er schon ist.
Henry Ford.

Inhaltsverzeichnis

6.1	Das Unternehmen Swisscom im Überblick	46
6.2	Ausgangslage und Zielsetzungen	47
6.3	Vorgehensweise im Projekt	47
	6.3.1 Analysieren und Verstehen	47
	6.3.2 Erkenntnisse gewinnen und Ideen finden	52
	6.3.3 Testen und Lernen	55
6.4	Umsetzung des Projekts	56
6.5	Evaluation	57
6.6	Fazit	57
Weiterführende Literatur		58

Zusammenfassung

Das nachfolgende Praxisbeispiel zeigt wie das Telekommunikationsunternehmen Swisscom ein neues Bewerbungserlebnis gestaltet hat. Dabei sind Methoden des Human Centered Designs eingesetzt worden mit der Philosophie die Bedürfnisse des Bewerbenden konsequent in den Mittelpunkt zu stellen.

N. Hurni (✉)
Swisscom AG, Hohlestrasse 11, 3123 Belp, Schweiz
E-Mail: Nicole.Hurni@swisscom.com

© Springer Fachmedien Wiesbaden 2016
T. Verhoeven (Hrsg.), *Candidate Experience*, DOI 10.1007/978-3-658-08896-5_6

6.1   Das Unternehmen Swisscom im Überblick

Swisscom ist in der Schweiz in den Teilmärkten Mobilfunk, Festnetztelefonie, Breitband und Digital-TV führend und hat zudem eine bedeutende Marktposition im Markt für IT-Services. Die Telekommunikationsindustrie hat in den letzten Jahren eine tiefgreifende Veränderung erlebt. Getrieben durch die technologische Entwicklung, intensiven lokalen und globalen Wettbewerb und veränderte Kundenbedürfnisse werden traditionelle Geschäftsmodelle infrage gestellt werden. Die Swisscom ist gefordert, die Wettbewerbsfähigkeit zu erhalten, neue Geschäftsfelder zu entwickeln und bestehende zu optimieren. Damit soll die Finanzkraft für die hohen Investitionen in neue Technologien bewahrt werden. Die Swisscom-Strategie wird von drei grundlegenden Information-and-Communication-Technology(ICT)-Trends maßgeblich beeinflusst:

Immer online
In wenigen Jahren werden die Kunden von Swisscom über all ihre digitalen Endgeräte in Echtzeit auf sämtliche ihrer privaten und beruflichen Anwendungen und Daten zugreifen. Getrieben durch technische Neuerungen wird die Art und Weise, wie die Menschen untereinander und mit den Geräten kommunizieren sowie interagieren, fundamental anders sein als heute. Die Digitalisierung führt ferner dazu, dass nicht nur Menschen, sondern auch intelligente Applikationen und Geräte zunehmend miteinander vernetzt sind. Vernetzung und Digitalisierung revolutionieren die Wertschöpfungsketten, Produktionsprozesse und Kundenkontakte in allen Branchen.

Internetbasiert
Alle Produkte und Dienstleistungen werden künftig auf Basis des Internet-Protokolls betrieben. Speicherplatz, Rechenleistung und Software werden verstärkt aus dem Internet bezogen. Diese Entwicklung ermöglicht neue Geschäftsmodelle und bessere Kundenerlebnisse.

Globaler Wettbewerb
Die Digitalisierung und die Verbreitung der internetbasierten Services führen zur Entstehung von internationalen Märkten. Weltweit tätige Mitbewerber profitieren von globalen Skaleneffekten und verändern die Geschäftsmodelle durch eine verstärkte Nutzung von Kundendaten.

Swisscom ist überzeugt, dass es in der zunehmend vernetzten und digitalisierten Welt einen kompetenten und vertrauenswürdigen Begleiter braucht. In dieser Rolle will Swisscom die Menschen begeistern und einen wichtigen Beitrag leisten, um die Schweiz zu einem führenden ICT-Land zu machen. Swisscom als Enabler neuer Technologien ist mit den Schwerpunktthemen Cloud, Internet der Dinge, Big Data und Hypermobilität bei der Rekrutierung von geeigneten Mitarbeitenden, die diese digitale Transformation vorantreiben, gefordert. Fachkräfte für diese neuen Themenfelder zu gewinnen, stellt eine große Herausforderung dar.

6.2   Ausgangslage und Zielsetzungen

Swisscom differenziert sich am Markt unter anderem über eine hohe Kundenorientierung. Eine der drei strategischen Stoßrichtungen lautet daher: „Beste Erlebnisse bieten". Swisscom setzt seit vielen Jahren Human Centered Design in der Produkt- und Serviceentwicklung ein. Human Centered Design ist eine Arbeitsweise, die ein Prozessmodell und Methoden umfasst. Damit werden bestehende Erlebnisse analysiert und verbessert, neue Ideen von Grund auf entwickelt und umgesetzt. Human Centered Design bringt zusammen, was – von einem menschlichen Standpunkt aus betrachtet – Sinn ergibt, verknüpft diese Sicht mit technischer Machbarkeit und wirtschaftlicher Rentabilität.

Um die besten Talente und Persönlichkeiten für kommende Herausforderungen zu gewinnen, hat sich Swisscom in einem Projekt mit der Neugestaltung des Recruiting-Prozesses auseinandergesetzt. Als eine der Zielsetzungen ist das Erarbeiten eines exzellenten Bewerbererlebnisses definiert worden, eng verknüpft mit dem Ansatz einer zielgruppenspezifischen Rekrutierung. Von Anfang an war klar, dass das Projekt mit Methoden des Human Centered Designs unterstützt werden sollte, um kundennahe und erlebnisorientierte Prozesse zu gestalten. Am Projekt hat ein Kernteam von Mitarbeitenden in unterschiedlichen Rollen aus diversen Human-Resources-Abteilungen mitgearbeitet. Das Projektteam ist von einem Design Consultant begleitet worden, damit die kundenzentrierte Perspektive sichergestellt und die Methoden angewendet werden konnten. Die Projektarbeit hat jeweils an einem fixen Tag pro Woche in einem Kreativraum stattgefunden. Im Laufe des Projekts sind die Arbeiten in Arbeitspakete aufgeteilt und der zeitliche Umfang situativ erweitert worden. Alle Projektmitarbeitenden sind auch weiterhin ihrer operativen Kerntätigkeit nachgegangen.

6.3   Vorgehensweise im Projekt

Im Folgenden wird beschrieben, welche Prozessschritte notwendig waren, um ein Bewerbererlebnis aufzubauen, und welche Methoden dabei eingesetzt worden sind.

6.3.1   Analysieren und Verstehen

In einer ersten Phase beschäftigt sich das Team intensiv mit dem eigentlichen Projektauftrag und klärt Fragen wie „Warum machen wir etwas?", oder „Welches Problem wollen wir lösen?". Durch eine gemeinsame Sicht auf das zu lösende Problem soll das Team motiviert werden und Orientierung erhalten.

Das Projektteam hat einen Auftrag definiert, der als Ausgangslage dient:

- „Wir wollen ein gutes und konstantes, aber auch menschenzentriertes und einheitliches Bewerbungserlebnis bieten."
- „Wir wollen unsere Bewerbenden begeistern und auch jene, welchen wir eine Absage erteilen müssen, weiter zu unseren Kunden zählen können."
- „Wir wollen, dass auch außerhalb der Swisscom spürbar wird, dass unser Rekrutierungsprozess einzigartig ist (Swisscom Footprint)."

Es folgt eine Beschäftigung mit dem definierten Auftrag in drei Schritten, um diesen zu schärfen. Das führte zu folgenden Resultaten:

1. Umformulieren des Auftrages:
   - Was können wir tun, damit die Bewerbung bei Swisscom ein einzigartiges und durchwegs positives Erlebnis wird?
2. Sichtbar machen von latenten Themen:
   - Was passiert mit guten Bewerbenden, die nur zweite beziehungsweise dritte Wahl sind? Wie sieht die Rekrutierung in der Zukunft aus?
   - Wie erreichen wir die am besten geeigneten Bewerbenden?
   - Wie wäre es, wenn sich Swisscom bei den Kandidaten bewerben würde?
3. Auswahl eines Schlüsselthemas und Fragen nach den Wurzeln des Problems:
   - Wie kann der Bewerbungsprozess vereinfacht und hin zu einem positiven Erlebnis entwickelt werden?
   - Wie kann der interne Arbeitsmarkt besser einbezogen und bedient werden?

Aus diesen Überlegungen wird schließlich die **Design Challenge** abgeleitet, welche dem Projektteam als Vision dient:

> Wie können wir es schaffen, dass Bewerbende – unabhängig davon, ob sie eine Zu- oder Absage erhalten – den Rekrutierungsprozess als positives Erlebnis wahrnehmen?

In einem nächsten Schritt geht es darum, zu recherchieren und eine breite Datenbasis zu sammeln, um die Bedürfnisse und Erlebnisse der Bewerbenden sowie den Kontext der Herausforderung festzuhalten. Mittels Desk Research werden Daten zur Positionierung von Swisscom als Arbeitgeber hinzugezogen wie beispielsweise Rankings bezüglich Wunscharbeitgeber. Eine Inspirationsquelle ist auch das Benchmarking mit anderen Firmen bezüglich Career Sites im Internet. Ferner werden Beschaffungskanäle und Netzwerke evaluiert. Mit einem Usability-Test wird der Online-Bewerbungsprozess unter die Lupe genommen. Mehrere Projektmitglieder durchlaufen den gesamten Bewerbungsprozess im E-Recruiting Tool und halten dabei ihre Gedanken bei jedem Schritt schriftlich fest. Somit können Eindrücke darüber gewonnen werden, wie Bewerbende den Prozess durchleben und wo Verbesserungsbedarf besteht.

Obwohl wichtige Erkenntnisse aus dem vor Projektstart durchgeführten „Mystery Recruiting" (in Anlehnung an Mystery Shopping) vorliegen, interessiert vor allem auch die

Frage, wie Bewerbende den Rekrutierungsprozess bei Swisscom erleben. Die Analogie zum Verkaufsprozess in einem Swisscom Shop ist bei dieser Frage hilfreich. Ähnlich wie ein Kunde, der einen Swisscom Shop besucht, hat auch der Bewerbende Vorstellungen und Erwartungen an einen Bewerbungsprozess bei Swisscom. Diese Interaktion zwischen Bewerbenden und Swisscom wird in einzelne Phasen zerlegt: Vom ersten Aufmerksamwerden auf Swisscom als potenzielle Arbeitgeberin bis hin zur Einarbeitungsphase als neue/r Mitarbeitende/r beziehungsweise zum Absagebescheid. Diese Kette von Erlebnisschritten bildet die **Ist-Kundenerlebniskette** (auch Customer Experience Journey genannt), welche die Erlebnisse der Kunden und die Maßnahmen von Swisscom in Beziehung zueinander bringt. Damit die Erlebnisse und Gefühle des Bewerbenden im Rekrutierungsprozess erkennbar werden, sind diese mit einer Emotionskurve respektive **Emotion Curve** abgebildet worden. Die Emotion Curve ist ein exploratives Werkzeug, das Einblick geben soll in die subjektiven Wahrnehmungen und Empfindungen von Erlebnissen einer Person (siehe Abb. 6.1). Um die Emotionen des Bewerbenden zu erfassen, werden Interviews mit kürzlich eingestellten Mitarbeitenden durchgeführt. Als Einstieg in das Interview dienen folgende zwei Fragen:

• Was sind die entscheidenden Gründe, weshalb Du Dich für Swisscom als Arbeitgeber entschieden hast?
• Was waren Deine wichtigsten Erwartungen an den Bewerbungsprozess?

Daraufhin wird die persönliche Erlebniskette des Befragten im Bewerbungsprozess mittels Post-its erfasst und gut sichtbar an eine Wand geklebt. Um Emotionen darzustellen, werden unterschiedliche Emotionskarten (Smileys) verwendet. Im Anschluss daran erfolgt die gemeinsame Betrachtung der entstandenen Emotionen während der einzelnen Erlebnisschritte. Auch hier wird ein offener Fragestil verwendet wie zum Beispiel: „Wenn Du Dich an das Vorstellungsgespräch erinnerst, auf welcher Emotionsstufe würdest Du dieses Erlebnis einordnen?"

Nach Auswertung der Interviews zeigt sich erwartungsgemäß ein uneinheitliches Gesamtbild der Emotion Curve. Trotzdem können deutliche Anhaltspunkte gewonnen werden, wo kritische Punkte aus Bewerbersicht vorhanden sind und wo auch aus Swisscom-Sicht ein positives Erlebnis spürbar werden sollte. In anderen Worten: Entlang einer Erlebniskette gibt es Schritte, die als besonders wichtig erachtet werden, während bei anderen eher Abstriche gemacht werden können.

Das Projektteam identifiziert anhand der Interviews vier besonders kritische Erlebnisschritte und definiert diese als Schwerpunkt für die nachfolgende Arbeit:

• Ich werde umworben.
• Ich lerne Swisscom im Gespräch kennen.
• Ich erhalte und gebe Feedback.
• Ich starte durch (Onboarding).

Abb. 6.1 Illustration der
Emotion Curve entlang der
Kundenerlebniskette

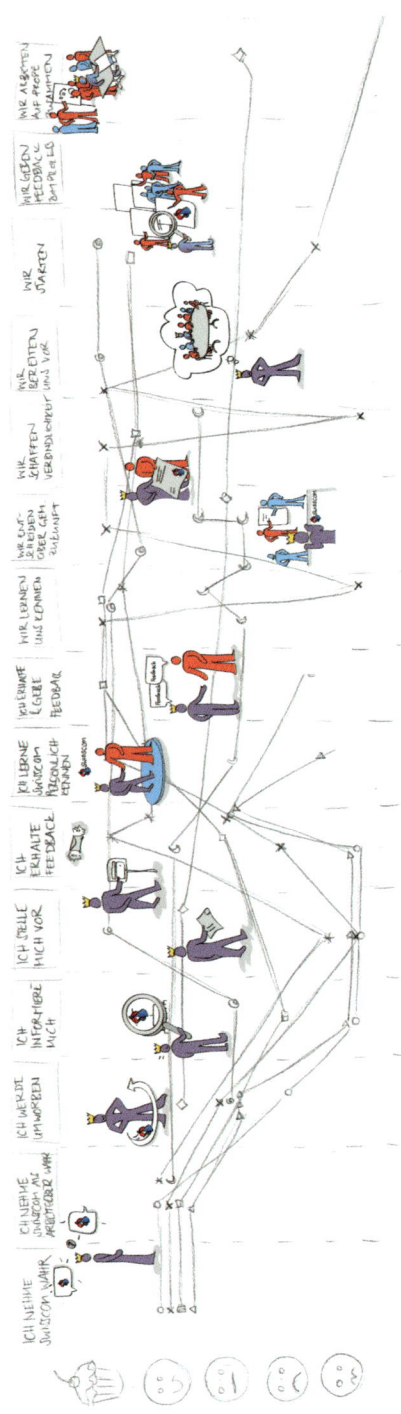

In der Folge werden daraus Gestaltungsprinzipien für den Dialog mit den Bewerbenden abgeleitet. Daraus wird zu einem späteren Zeitpunkt die Recruiting Charta hervorgehen, welche die Erfolgsprinzipien eines wertschätzenden Rekrutierungsprozesses definiert und als Verhaltenskodex für die Recruiter dient.

Empathie für die Bewerbenden zu haben, bedeutet, sie konsequent ins Zentrum zu stellen. Das Projektteam will noch mehr erfahren über die Bewerbenden, indem es zwei unterschiedliche Berufsbilder unter die Lupe nimmt: ICT-Architekten und Technical Customer Consultants. Zu diesem Zweck werden zwei **Fokusgruppen** mit je zehn Teilnehmenden gebildet. Ziel dieser moderierten Gruppendiskussionen ist es, ein differenziertes Meinungsbild zu spezifischen Fragestellen in Bezug auf das Projekt zu erhalten, sowie herauszufinden, was die Zielgruppen bewegt. Um ein möglichst vielfältiges Feedback zu erhalten, werden die Gruppen bewusst heterogen zusammengestellt, bestehend aus Führungskräften, Mitarbeitenden sowie Externen. Offenheit, Kommunikation, Vertrautheit und Reflexivität sind wichtige Prinzipien für die Arbeit innerhalb dieser Fokusgruppen.

Anhand der Zielgruppe ICT-Architekten wird nachfolgend exemplarisch eine wichtige Fragestellung mit einer Auswahl an Antworten aus der Gruppe dargestellt:

Frage: „Warum sollen die Leute zu Swisscom kommen?"

„Weil Swisscom …
- eine moderne, innovative Arbeitgeberin ist.
- die Möglichkeiten bietet, sich zu verwirklichen.
- das Headquarter in der Schweiz hat.
- ein solides Unternehmen ist, in welchem Projekte verwirklicht werden können.
- neue Technologien bietet.
- die Chance bietet, etwas umzusetzen.
- schnelllebig ist.
- die Identifikation mit dem Unternehmen verankert.
- …."

Das Projektteam hat aus der Arbeit mit den Fokusgruppen gelernt, dass die beiden unter die Lupe genommenen Zielgruppen sehr unterschiedlich sind. Beide Zielgruppen sind jedoch für Swisscom relevant und entsprechend wichtig ist es für sie, attraktive Angebote zu entwickeln und zu kommunizieren. Daher wird in einem nächsten Schritt ein **Design-Workshop** durchgeführt. Ziel ist es, vertiefte Eindrücke zu gewinnen, was die Bedürfnisse der Zielgruppe sind, wie sie denken und welche Ideen sie in Bezug auf das Thema des Projekts haben (Tab. 6.1). Dies ergibt eine wertvolle Außensicht, da die Inputs direkt von jenen Personen stammen, die schlussendlich die zu entwickelnden Produkte oder Dienstleistungen nutzen sollen.

Im Anschluss an die beiden Workshops werden die Beobachtungen in Bezug auf Werte und Emotionen in einer **Empathy Map** geclustert. Eine Empathy Map erlaubt, das Erlebte auf sechs verschiedenen Ebenen (hören, denken & fühlen, sagen & tun, sehen, Lust, Frust) abzubilden. Aus einer Empathy Map lassen sich in einem nächsten Schritt sogenannte

Tab. 6.1 Inhalte des Design-Workshops für eine ausgewählte Zielgruppe

1. Einstieg mit offenen Fragen:	2. Gegenseitige Interviews der Kandidaten:
Warum ist mein Beruf ein toller Beruf?	Was ist besonders gut an einem Rekrutierungs-erlebnis, an einem Bewerbungsvorgang?
Warum bin ich da, wo ich bin?	Worüber schwärmen die Menschen, die Du kennst – und Du selber?
Warum werde ich einmal nicht mehr da sein, wo ich jetzt bin?	
3. Design Marktplatz:	4. Evaluieren und Identifizieren der besten Ideen in Form einer Flip-Chart-Galerie
Die Teilnehmer nehmen die Rolle des Recrui-ters ein und arbeiten je 20 min in Zweierteams an drei Themenfeldern: „Wenn ich das beste Angebot für mich entwickeln könnte, wie würde ich es tun?":	
Die beste Stellenausschreibung	
Das beste Job-Interview	
Die beste Absage	
Die beste Zusage	
Das beste Einführungsprogramm	
Die besten Anstellungsbedingungen	

Personas oder Profile herstellen. Dies ist der Entwurf einer idealtypischen, fiktiven Person, die den typischen Anwender einer bestimmten Zielgruppe repräsentiert. Dadurch, dass sie wichtige Eigenschaften der Zielgruppe verdeutlichen, sind sie ein zentrales Hilfsmittel für Design-Entscheidungen. Grundsätzlich erleichtern Personas das Erstellen von Angeboten, indem sie für eine homogene Gruppe von Personen designt werden können, anstatt die heterogene Masse berücksichtigen zu müssen.

Das Projektteam erstellt die Personas aufbauend auf die Empathy Maps der beiden Zielgruppen (siehe Abb. 6.2). Empathy Map und Personas unterstützen im weiteren Projektverlauf beim Definieren des Kundenerlebnisses.

6.3.2 Erkenntnisse gewinnen und Ideen finden

In der nächsten Projektphase geht es darum, Erkenntnisse aus der heutigen Realität in Möglichkeiten für die Zukunft zu übersetzen. Mittels einer **Design-Synthese** werden aus Kundendaten Ideen und Lösungsansätze definiert, um auf Basis der gewonnenen Erkenntnisse Chance zu erkennen sowie neue Ideen zu generieren.

Diese Phase ist für das Projektteam aufgrund der Vielzahl an Daten relativ intensiv. Zunächst werden die erhobenen Daten geordnet und nach Überthemen geclustert. Indem die Themen anschließend hinterfragt werden, können wichtige Zusammenhänge identifiziert und daraus Erkenntnisse gewonnen werden. In einem nächsten Schritt werden daraus Lösungen abgeleitet, bewertet und ausgewählt. Wie bereits vorgängig beschrieben, hat

EMP4T#Y M4P

Was hört der Bewerber als ICT-Architect?
- analytisches Denken
- ist ein Tüftler/erfinderisch/konzeptionell stark
- macht Komplexes einfach verständlich
- kann „out of the box" denken
- sieht das grosse Ganze
- Problemlöser
- beeinflusst durch Fachartikel, Best Practices, Gadgets, Technologie Entwicklung, tonangebende Firmen (Apple etc.)
- Hauptmedium: Online

Was denkt und fühlt ein Bewerber als ICT-Architect?
- etwas gestalten / bewegen
- möchte verbessern (Prozesse), Probleme lösen
- möchte tüfteln
- die beste und einfachste Lösung bei einem hohen Qualitätsanspruch
- möchte Sicherheit in den Systemen
- möchte Freiraum
- möchte sich gut informiert fühlen
- hat es gern, wenn es vorwärts geht; kein Stillstand im Projekt
- eher intrinsisch motiviert

Was sagt und macht ein Bewerber als ICT-Architect?
- Meine Architektur ist der Maserati von heute; ist schnell, einfach und das Beste was es auf dem Markt gibt
- zurückhaltend, bescheiden, aber dennoch vernetzt
- Stolz auf seine Tätigkeit, auf sein Erreichtes
- holt Anerkennung eher in der Peer-Group
- konzeptionell, analytisch
- internalisierter Leistungsdruck (möchte sich selbst verbessern)
- Sport/Hobby mit Ambitionen sich konstant zu fordern/verbessern (Freiheitsgefühle?)

Was sieht der Bewerber als ICT-Architect?
- hat gewisse Denkstrukturen an denen er sich orientiert
- hat gerne Strukturen
- Umfeld ist tendenziell eher organisiert, funktional und praktisch
- lang andauernde Freundschaften/Beziehungen
- Angebote: wo er profitieren kann, das Beste bekommt (Value, Mehrwert)
- Probleme: Spontanentscheide, nicht begründbare/nachvollziehbare Entscheide, politische Entscheide, Stop and Go, Umwerfen von Strukturen, Zeitdruck

Lust des Bewerbers als ICT-Architect?
- Erfolg: Architektur funktioniert, bringt Verbesserung und Mehrwert
- Zufriedenheit durch seine erbrachte Leistung
- kommt durch überlegte Schrittfolgen zum Erfolg, konstruktiv, entwickelt Schritt für Schritt, hat Biss, überzeugend/argumentativ, „lifere statt lafere", Lösung ist durchdacht

Frust des Bewerbers als ICT-Architect?
- Problemlösung greift nicht; Resultat funktioniert unerwarteter Weise nicht
- Vermeidbare Fehler, Flüchtigkeitsfehler
- Hürden: ist nicht outgoing; ist im Umgang mit Menschen nicht so locker; kein Charmeur
- Risiken: kalkulierte Risiken; kein Draufgänger

Abb. 6.2 Empathy Map am Beispiel der Zielgruppe ICT-Architekten

das Projektteam in der Analyse-Phase eine Ist-Kundenerlebniskette erstellt. Basierend auf den gewonnen Erkenntnissen der verschiedenen Aktivitäten („Was ist unseren Bewerbenden wichtig?" „Wo können wir uns verbessern?") wird in mehreren iterativen Schritten die finale Version der **Soll-Kundenerlebniskette** entwickelt. Damit ist beschrieben, welches Erlebnis die Bewerbenden in den einzelnen Interaktionen des Rekrutierungsprozesses bei Swisscom verspüren sollen. Die einzelnen Phasen – Informations-, Bewerbungs-, Verhandlungs- und Startphase – werden hierfür in einzelne Teilschritte zerlegt. Nicht im Fokus steht das Online-Bewerbungstool, welches aufgrund der Komplexität Gegenstand eines separaten Projekts bilden würde.

Die Entwicklung der Erlebniskette bildet das Herzstück der Candidate Experience und gibt Recruiting den Rahmen und die Grundlage für weitere Aktivitäten.

Wie erwähnt, sind zu Beginn vier Erlebnisschritte definiert worden (siehe Abb. 6.3), auf die ein besonderer Fokus gelegt werden sollte: „Ich werde umworben", „Ich lerne Swisscom im Gespräch kennen", „Ich erhalte und gebe Feedback", „Ich starte durch". Um möglichst viele neue Ideen und Konzepte zu entwickeln, die zur Lösungsfindung beitragen, werden auch verschiedene Kreativsessions durchgeführt. Diese können dazu beitragen, gewonnene positive Aspekte zu unerwarteten und innovativen Ansätzen zu entwickeln. Eine Methode ist dabei das **„Creative Reframing"**. Mitglieder eines Projektteams sind in der Regel sehr lösungsorientiert. Stellt sich ein Problem, wird zielstrebig daran gearbeitet, um es zu lösen. Creative Reframing regt dazu an, einen Moment inne zu halten, um neue und vielleicht bessere Wege zu suchen. Dazu dienen zwei Leitfragen:

Abb. 6.3 Visualisierung der
Swisscom-Recruiting-Erlebniskette

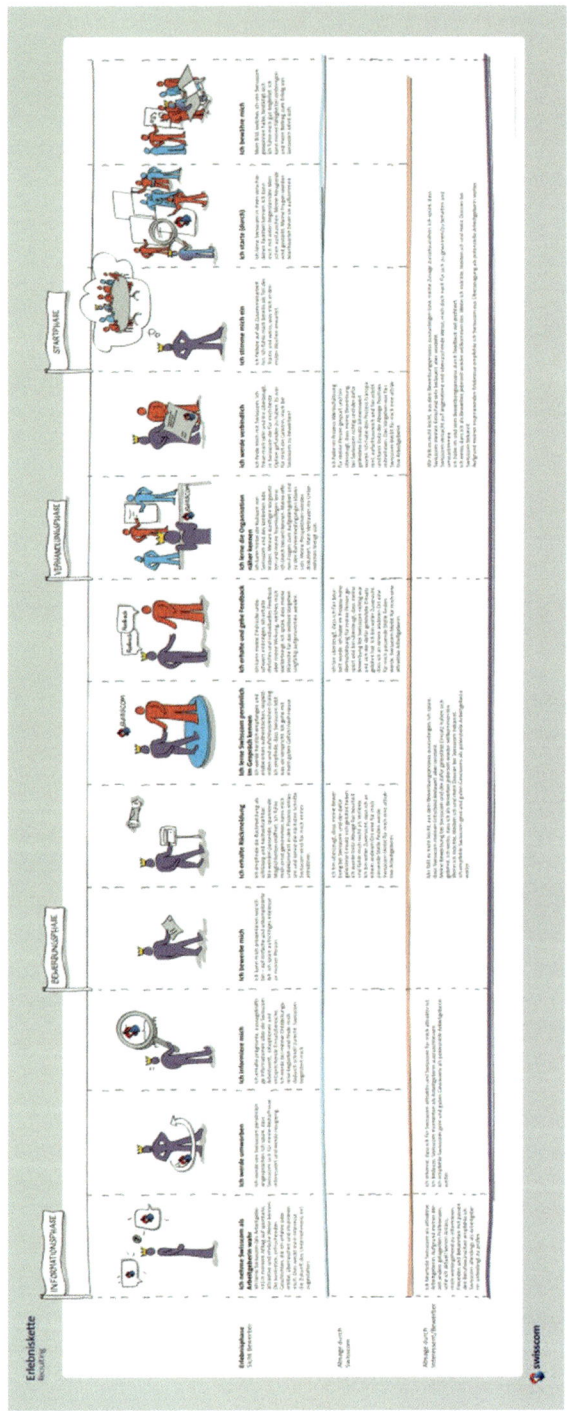

1. „Was wäre wenn …?"

Hier wird Bestehendes komplett hinterfragt und Lösungsraum geschaffen für neue Ansätze.

2. „Wie könnten wir …?"

Mit dieser Frage kann der Lösungsraum, der sich durch die erste Frage ergeben hat, gleich für einen neuen Lösungsweg genutzt werden.

Creative Reframing wird vom Projektteam zur Lösungsfindung der vier relevanten Erlebnisschritte definiert. Eine Kreativ-Session befasst sich mit Fragen zum Thema „Feedback geben" (Umgang mit Absagen). Das Projektteam beantwortet die zwei Leitfragen und hält seine Lösungen auf Flip-Charts fest. Daraus werden neue Ideen fürs Prototyping generiert.

6.3.3   Testen und Lernen

Um Ideen, die weiterverfolgt werden sollen, darzustellen und auf ihren Wert zu analysieren, ist es hilfreich, ein Wertversprechen (Value Proposition) zu erstellen. Eine Methode dazu ist beispielsweise das „**NABC**". In einem NABC wird der Kern einer Idee anhand von vier wichtigen Merkmalen dargestellt: Need = Bedürfnis, Approach = Lösung, Benefit = Nutzen, Competition = Alternativen. Anhand einer einheitlichen Struktur werden Ideenkonzepte vergleichbar und ermöglichen parallel mehrere Ideen weiterzuentwickeln.

Mit einem „**Elevator Pitch**", der sogenannten Aufzugs-Präsentationstechnik, werden die Ideen vorgestellt, um Entscheidungsträgern alle Aspekte und Wirkungen einer Idee effizient zu kommunizieren. Gleichzeitig erlaubt es, in der Vorbereitung Ideen ganzheitlich durchzudenken und so Verbesserungspotenzial schneller zu erkennen. Ein Elevator Pitch ist in drei Phasen eingeteilt:

- The Hook: Weckt die Aufmerksamkeit. Als Einstieg kann eine Frage oder eine Visualisierung helfen.
- The Core: Die Idee wird im Core anhand der Methode NABC strukturiert.
- The Close: Dient der Zusammenfassung des Gesagten sowie der Aufforderung an die Zuhörer, sich Gedanken in Bezug auf Rückmeldungen zu machen.

Im Projektteam wird praktisch jede Idee, die weiterverfolgt werden soll, zunächst innerhalb des Projektteams präsentiert. Das Halten eines Pitchs bringt den Ideengeber und seine Teammitglieder dazu, sich Gedanken über die Idee zu machen und bietet die Möglichkeit, Feedback einzuholen. Damit auch Feedback von Nicht-Projektmitgliedern einfließt, wird die Methode „**Watering Hole**" verwendet. Ein Watering Hole dient dazu mit dem Wissen von Experten und Direktbetroffenen eine Idee zu überprüfen und weiterzuentwickeln, indem mit kleinem Aufwand und auf strukturierte Art und Weise Feedback eingeholt wird. Der Ablauf sieht so aus, dass der Ideengeber seine Idee mit einem Elevator Pitch vorträgt. Im Anschluss daran klärt er allfällige Verständnisfragen, bevor die Experten grünes Feedback (Stärken der Idee) und rotes Feedback (Verbesserungsmöglichkeiten) geben.

Nachdem eine Idee ausgewählt ist, kann daraus ein **Prototyp** erstellt werden. Prototypen helfen, Erfahrungen zu sammeln und Ideen zu testen. Ein Prototyp ist immer schon ein Versuch, die Lösung zu kreieren. Zur Veranschaulichung dient nachfolgendes exemplarisches Beispiel:

Beispiel

Das Projektteam beschäftigt sich beispielsweise mit der Frage: „Warum stellt ein Linienverantwortlicher eigentlich sich und seinen Job in jedem Interview neu vor?". Mit einem Job-Video könnte dies künftig nur noch einmal geschehen und zwar mit einem persönlichen Link, unmittelbar nachdem der potenzielle Kandidat sich beworben hat. Da die Idee von verschiedenen Seiten viel Zuspruch erhält, wird früh ein erster Prototyp mittels Handy-Kamera erstellt. Die Idee wird in der Folge weiterentwickelt und das Job-Video sollte neu in Ergänzung zu einem klassischen Inserat angeboten werden. Der Grundgedanke dahinter ist, dass ein Job für einen potenziellen Kandidaten viel besser greifbar wird, wenn er sein zukünftiges Umfeld in einem Video sieht. Der Kandidat soll sich so auch besser vorstellen können, ob er sich in der ausgeschriebenen Stelle sieht. Allerdings zeigt sich auch, dass es je nach Jobprofil schwierig ist, dieses in einem kurzen Video darzustellen. Außerdem ist der professionelle Videodreh aufwändig und die Inhaltsdichte scheint sich eher negativ auf die Videos auszuwirken. Aus diesem Grund stellen generische Videos zu einer Job-Familie eine geeignete Alternative dar. Mit positivem Fazit: Heute bilden Videos integrierenden Bestandteil der Stellenausschreibung. Die Erfahrungen mit Prototyping waren für die Umsetzung äußerst wertvoll.

6.4 Umsetzung des Projekts

Aufbauend auf die vorgelagerten Phasen sind nun diverse kleinere und größere Ideen, Ansätze und Konzepte zur Umsetzung bereit. Das Projektteam hat sich entschieden, das Anwerben von neuen Mitarbeitenden mit unterschiedlichen Rollen und Prozessen anzugehen. Dies liegt vor allem darin begründet, dass sowohl Bedürfnisse der Bewerbenden als auch Verfügbarkeit auf dem Arbeitsmarkt der unterschiedlichen Zielgruppen zu groß sind, um diese einheitlich ansprechen zu können. So wird ein komplett neuer Sourcing-Prozess entwickelt, der auf die Direktansprache abzielt. Mit dem People-Relationship-Management-Ansatz wird die Beziehungspflege zu potenziellen Mitarbeitenden in schwer zu erreichenden Zielgruppen verstärkt. Die berufliche Weiterentwicklung der internen Mitarbeitenden soll mit der Rolle des Strategic Internal Recruiting verbessert werden. Der bestehende Standardprozess wird grundlegend überarbeitet und orientiert sich in hohem Maße an der vorgängig definierten Kundenerlebniskette. Einhergehend mit den ausgestalteten Prozessen geht auch der Recruiting Mindset. In der Recruiting Charta werden die Erfolgsprinzipien eines wertschätzenden Rekrutierungsprozesses definiert und diese dient als Verhaltenskodex für die Recruiter. Auch optisch wird das Bewerbererlebnis angegangen, indem eigens für Rekrutierungsgespräche entwickelte Räumlichkeiten zur Verfügung gestellt werden.

6.5 Evaluation

Nach Abschluss des Projekts ist es wichtig, dass Evaluationen vorgenommen werden, um Einschätzungen zum Erlebnis zu erhalten. Zur Messung wird die definierte Kandidatenerlebniskette herbeigezogen. Das Projektteam hat beim Entwickeln definiert, welches Erlebnis und welche Wirkung in den einzelnen Rekrutierungsphasen erzielt werden sollen. Mittels qualitativer Erhebungen werden nun die einzelnen Erlebnisschritte beim Bewerbenden abgerufen und durch ihn bewertet. Die Summe der Erhebungen gibt ein Gesamtbild des Rekrutierungsprozesses wieder und weist auf Stärken sowie Verbesserungspotenzial hin. In quantitativer Hinsicht misst der Key Performance Indicator Time-to-Hire die Dauer des Rekrutierungsprozesses und dient als Gradmesser, ob es effektiv einfacher geworden ist, die Stelle zu besetzen. Wichtig ist, dass auch in der Projektphase regelmäßig und früh Validierungen vorgenommen werden, um kundennah respektive bewerbernah zu entwickeln, damit das später gemessene Kundenerlebnis positiver ausfällt.

6.6 Fazit

Durch die Arbeit mit Human-Centered-Design-Methoden ist der Bewerbende ins Zentrum des Recruiting-Prozesses gerückt worden. Diese veränderte Denkhaltung forderte einen Perspektivenwechsel, bei dem es auch darum ging, sich von bestehenden Denkmustern zu lösen und querzudenken. Die meisten Mitglieder des Projektteams kamen anlässlich dieses Projekts zum ersten Mal mit der Philosophie von Human Centered Design in Berührung. Retrospektiv bildete dieser veränderte Mindset eine der größten Herausforderungen, vor allem zu Beginn des Projekts. Entsprechend wichtig ist die Zusammensetzung des Teams in verschiedener Hinsicht. Ein multidisziplinäres Team ist – theoretisch – die Grundvoraussetzung für erfolgreiche Human-Centered-Design-Projekte. Das Kernteam bestand vorwiegend aus Human-Resources-Leuten. Durch den Einsatz verschiedenartiger Methoden wie Interviews, Fokusgruppen, Design-Workshops oder Watering Holes konnte jeweils die Außensicht eingeholt werden, sei es durch Vertreter der anvisierten Zielgruppen oder der Linienverantwortlichen. Ein noch stärkerer Einbezug von Personen unterschiedlicher Fachrichtungen dürfte sich bei ähnlichen Projekten lohnen. Relevant ist auch, dass nebst allem Kreativitätspotenzial, das in Human-Centered-Design-Projekten entfaltet werden kann, auch andere komplementäre Fähigkeiten berücksichtigt werden, wie beispielsweise strukturiertes und analytisches Vorgehen. Rückblickend hätte das Projektteam den Auftrag kritischer hinterfragen können, um einen besseren Überblick über Inhalt, Größenordnung und Machbarkeit zu erlangen. Es ist von Vorteil, wenn zu Beginn nebst Meilensteinen auch gewisse kleinere Teilziele und kürzere Bearbeitungszeiträume definiert werden. Dies ist sowohl effizienter als auch motivierender für das Projektteam. Die Kombination von klassischem Projektmanagement mit für Human Centered Design typischem agilen Vorgehen stellt gleichzeitig eine Herausforderung wie Chance dar. Human-Centered-Design-Prozesse haben einen iterativen Charakter und erfordern Flexibilität, wenn veränderte Gegebenheiten eine Wiederholung eines Prozessschritts notwendig machen.

Definitiv als schwierig gestaltete es sich, Projektarbeit mit dem Tagesgeschäft in Einklang zu bringen. Häufig erforderte die Dringlichkeit des Geschäftsalltags eine Repriorisierung der Aufgaben, was das Vorankommen im Projekt erschwerte. Für weitere Projekte ist es daher unerlässlich, dass Projektmitglieder in ihrer operativen Funktion entlastet werden, damit sie sich auf die Arbeit im Projekt fokussieren können. Ein kreativ eingerichteter Raum, in dem gemeinsam am Projekt gearbeitet und Skizzen und Visualisierungen dauernd sichtbar gemacht werden können, bildet die optimale Arbeitsumgebung. Mut zu unkonventionellen Ideen und Lust auf Neues zeichnen die Arbeit mit Human-Centered-Design-Methoden aus. Motivierend wirkt sich Feedback aus, in dem Erfolgserlebnisse und positive Rückmeldungen geteilt werden. Wichtig, vor allem für die Umsetzungsphase, ist auch, dass die Recruiter frühzeitig eingebunden werden und sich mit dem Projekt identifizieren können. Zu guter Letzt muss das Bewusstsein vorhanden sein, dass Veränderungen eine gewisse Zeit benötigen. Obschon das Projekt abgeschlossen ist, gilt das natürlich nicht für die Auseinandersetzung mit Candidate Experience als solches. Das Recruiting-Team ist gefordert, laufend daran zu arbeiten, um Bewerbende zu begeistern.

Weiterführende Literatur

Brown, T. (2009). *Change by design: How design thinking transforms organizations and inspires.* New York: Harper Collins.
Carlson, C., & Wilmot, W. W. (2006). *Innovation: The five disciplines for making what customers want.* New York: Crown Business Publishing.
IDEO. (o. J.). *Human centered design toolkit* (2. Aufl.). San Francisco.
Swisscom. (2014). Geschäftsbericht 2014.

Nicole Hurni arbeitet seit 2010 im Recruiting bei Swisscom und leitet aktuell ein Recruiting-Team. Sie hat im Projekt beim Aufbau der Candidate Experience mitgewirkt. Sie verfügt über Erfahrungen in unterschiedlichen Branchen im In- und Ausland, unter anderem auch als HR-Verantwortliche in einem kleinen und mittleren Unternehmen (KMU) sowie in der Personalberatung. Nicole Hurni hat an der Fachhochschule Betriebswirtschaft studiert und absolviert derzeit einen Masterlehrgang in Human Resources Management.

Candidate Experience als Projekt

7

Worauf man achten muss, wenn man sich als Arbeitgeber erstmalig mit dem Thema Candidate Experience beschäftigt, und mit welchem erprobten Vorgehen man hier am einfachsten erfolgreich sein kann

Tim Verhoeven

Inhaltsverzeichnis

7.1 Einleitung 60
7.2 Der Projektablauf bei einem Candidate-Experience-Projekt 60
    7.2.1 Analyse 61
    7.2.2 Priorisierung 62
    7.2.3 Maßnahmen 63
    7.2.4 Tracking 64
    7.2.5 Optimierung 66
7.3 Ressourceneinsatz/-planung 66
7.4 Worauf man bei der Auswahl von Dienstleistern achten sollte,
    wenn man einen Partner für das komplette Projekt sucht 67
7.5 Fazit 68
Literatur 69

Zusammenfassung

Candidate Experience ist trotz theoretischer Grundlage und wissenschaftlicher Herleitung kein rein theoretisches Thema, sondern ein Praxisansatz, wie man sich als Arbeitgeber besser auf die Bedürfnisse von Bewerbern einstellen kann. Deswegen folgt hier nach den ersten Praxisbeispielen eine Grundlage und Struktur, wie man sich als Arbeitgeber erfolgreich erstmalig mit einem Candidate-Experience-Projekt befassen kann. Dabei wird auf bewährte Praxismethoden und einen vielfältigen Erfahrungsschatz zurückgegriffen, da man bei einem solchen Projekt nicht seine Energie darauf verwenden sollte, überall das Rad neu zu erfinden. Genug zu tun bleibt auch ohne dies.

T. Verhoeven (✉)
BearingPoint, Speicherstr. 1, 60327 Frankfurt am Main, Deutschland
E-Mail: tim.verhoeven@bearingpoint.com

© Springer Fachmedien Wiesbaden 2016
T. Verhoeven (Hrsg.), *Candidate Experience*, DOI 10.1007/978-3-658-08896-5_7

7.1   Einleitung

Wenn sich Unternehmen erstmalig mit dem Thema Candidate Experience beschäftigen, geht häufig der Blick auf einzelne Maßnahmen, aber in der Regel noch nicht auf das große Ganze. Auch viele Dienstleister befeuern diese viel zu enge Sicht auf das Thema Candidate Experience, in dem sie singuläre Lösungen anbieten, welche zwar Symptome lindern, aber nicht das Kernproblem angehen. Ein richtiges Candidate Experience Management einzuführen ist ein Projekt – das Thema Candidate Experience ernst zu nehmen, eine Frage der Einstellung.

Die in diesem Buch vorgestellten Beispiele gehören bisher zu den wenigen Praxisbeispielen im deutschsprachigen Raum, in denen das Thema Candidate Experience ganzheitlich angegangen wurde. Ich hatte auch schon das Privileg, in mehreren Unternehmen ein Candidate Experience Management einzuführen beziehungsweise Unternehmen bei deren Einführung zu begleiten. Abgeleitet aus diesen Erfahrungen möchte ich auf den folgenden Seiten skizzieren, wie ein Candidate-Experience-Projekt funktionieren kann und welche Probleme zu erwarten sind.

Als erstes muss die Frage geklärt werden, was man überhaupt mit der Einführung eines Candidate Experience Managements erreichen möchte. Aus meiner Sicht sollte man zumindest folgende Ziele dabei im Auge behalten:

- Erhöhung der Anzahl an Bewerbungen
- Erhöhung der Motivation von Bewerbern
- Reduktion der Anzahl von Bewerbungsabbrüchen

Daraufhin sollte man sich bewusst machen, wie man diese beiden Ziele erreichen möchte.

- Optimierung von Prozessen der Personalbeschaffung sowie vor- als auch nachgelagerter Prozesse
- Harmonisierung von Prozessen beziehungsweise Prozesserlebnissen mit Hinblick auf ein konsistentes positives Arbeitgebermarkenerlebnis über möglichst alle Touchpoints hinweg

7.2   Der Projektablauf bei einem Candidate-Experience-Projekt

In der Regel lassen sich Candidate-Experience-Projekte in fünf verschiedene Phasen (Abb. 7.1) einteilen, bei denen jede Phase ihre eigene Herausforderung hat. Hierbei handelt es sich um ein Ideal-Modell, was bedeutet, dass es in der Praxis auch schon einmal vorkommen kann, dass es bei der Abfolge Unterschiede gibt, beziehungsweise an gewissen Phasen parallel gearbeitet wird. Es sollte einen festen Projektleiter geben, welcher sich je nach Phase mit Projektteams und gegebenenfalls Dienstleistern ausstattet. In Einzelfällen kann es durchaus sinnvoll sein, wenn der Posten des Projektleiters durch einen

Abb. 7.1 Projektablauf Candidate Experience (angelehnt an das Candidate-Experience-Prozess-Modell von Dr. Jochen Kootz 2014)

externen Experten besetzt wird – insbesondere wenn man kein eigenes Personal für diese Tätigkeit freistellen kann.

Wichtig bei dem hier vorgestellten Projektmodell ist es, dass man am Anfang des Projektes einen Projektplan macht, mit dem man eine Übersicht darüber bekommt, welcher zeitliche, finanzielle und personelle Aufwand zu erwarten ist. Daneben muss man bei der Bearbeitung der einzelnen Phasen unmittelbar auch schon die kommenden Phasen im Hinterkopf halten. Wenn ich beispielsweise in Phase 3 meine Maßnahmen konzipiere und dabei die Möglichkeit des Trackings ignoriere, werde ich spätestens in Phase 4 Probleme bekommen. Abbildung 7.1 zeigt das Modell zum Projektablauf Candidate Experience, an dem man sich orientieren kann:

7.2.1 Analyse

Der erste Schritt des Candidate-Experience-Projektes ist eine allumfängliche Identifizierung aller Touchpoints zwischen Bewerber und Unternehmen. Die Anzahl der Touchpoints variiert von Unternehmen zu Unternehmen, kann aber im Einzelfall auch deutlich über 100 liegen. Wichtig dabei ist, dass man jeden Kontaktpunkt im Detail betrachtet und nicht nur oberflächliche Überbegriffe. Man sollte beispielsweise jede einzelne Form von Standard-Absagen (Absage nach den verschiedenen Stati und den verschiedenen Zielgruppen und gegebenenfalls in verschiedenen Sprachen) aufnehmen, anstatt nur Standard-Absagen als Überbegriff. Um auf möglichst alle relevanten Touchpoints zu kommen, ist es hilfreich, wenn man sich mit mehreren Personen zusammensetzt, welche jeweils spezialisiert sind auf Themenfelder mit besonders vielen Touchpoints: Jemand aus dem Personalmarketing, jemand aus dem Hochschulmarketing, jemand aus dem Recruiting, jemand, der sich mit dem Bewerbermanagement-System beschäftigt, jemand, der sich um das Onboarding kümmert etc.

Die Tab. 7.1 zeigt eine beispielhafte Aufzählung einiger Touchpoints in den Bereichen Online, am Bewerbermanagement-System und im Hochschulmarketing, welche exemplarisch zu verstehen ist und keinen Anspruch auf Vollständigkeit erhebt:

Tab. 7.1 Beispielhafte Touchpoints für eine Touchpoint-Analyse

Online	Bewerbermanagement-System[a]	Hochschulmarketing
Eigene Website	Eingangsbestätigung	Hochschulmesse
Eigene Karriere-Website	Zwischenbescheid	Unternehmensvortrag
Xing	Einladung zum Telefoninterview	Gastvorlesung
Kununu-Bewertungen	Einladung zu persönlichem Interview	Sponsoring
Facebook-Karrierefanpage[b]	Einladung zum Assessment-Center	Absolventen-Kongress
Top-Einträge bei Google	Absage nach Vorauswahl	Material in Erstsemester-Tüten
Wikipedia	Absage nach Telefoninterview	Studenten-Broschüre
Stellenanzeigen bei Stepstone	Absage nach persönlichem Interview	Trainee-Broschüre
...	...	...

[a] Die hier aufgeführten Touchpoints könnten, falls nötig, auch noch nach verschiedenen Zielgruppen unterteilt werden (also beispielsweise nach Azubis, Studenten, Absolventen, Bewerbern auf Führungspositionen etc.)
[b] Hier kann man noch ins Detail gehen – sowohl eigene Beiträge als auch das Verhalten Dritter kann als eigener Touchpoint betrachtet werden

Die Tab. 7.1 ist nur beispielhaft zu sehen – aber es ist grundsätzlich sinnvoll bei der Identifikation von Kontaktpunkten, wenn man sich mit der Bewerbersicht auseinandersetzt und eine oder mehrere Candidate Journeys gedanklich durchgeht. Danach clustert man die Themen nach Sinnzusammenhängen, wie in der Tab. 7.1 die Themen „Online", „Bewerbermanagement-System" und „Hochschulmarketing". Danach sucht man weitere Touchpoints zu jedem Thema.

7.2.2 Priorisierung

Nachdem man sich eine Übersicht darüber verschafft hat, welche Touchpoints es zwischen Bewerbern und Unternehmen gibt, beginnt die Phase der Priorisierung. Dies ist notwendig, da man abwägen muss, für welche Touchpoints man als erstes Maßnahmen erarbeitet und bei welchen das Kosten-Nutzen-Verhältnis in einer zu schlechten Relation steht. Man sollte alle Touchpoints nach zwei Dimensionen betrachten:

- Relevanz für den Bewerber
- Möglichkeit des Arbeitgebers, dies zu beeinflussen

Die Möglichkeiten des Arbeitgebers, gewisse Kontaktpunkte zu beeinflussen, können durch verschiedene Faktoren eingeschränkt sein. Neben finanziellen und rechtlichen Aspekten gibt es insbesondere viele Kontaktpunkte, die nicht durch den Arbeitgeber direkt

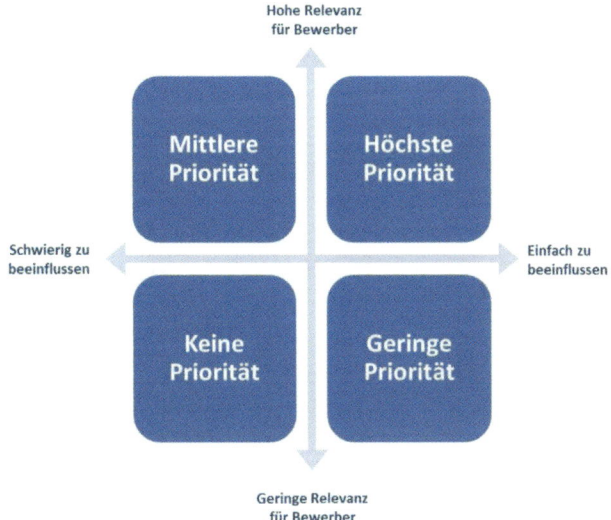

Abb. 7.2 Priorisierungsmatrix

beeinflusst werden können, durch den sogenannten User-Generated Content – also Inhalte über den Arbeitgeber, die ihren Ursprung nicht beim Arbeitgeber haben (vgl. Bauer 2011).

Bei der Betrachtung der beiden genannten Dimensionen geht es nicht um eine extrem genaue Messung, sondern um eine qualitative Einschätzung der einzelnen Touchpoints. Auf Grundlage dessen kann man eine erste Priorisierung vornehmen (siehe Abb. 7.2):

- *Hohe* Relevanz für Bewerber und *einfach* zu beeinflussen: höchste Priorität
- *Hohe* Relevanz für Bewerber und *schwer* zu beeinflussen: mittlere Priorität
- *Geringe* Relevanz für Bewerber und *einfach* zu beeinflussen: geringe Priorität
- *Geringe* Relevanz für Bewerber und *schwer* zu beeinflussen: keine Priorität

7.2.3 Maßnahmen

Nach der Priorisierung hat man eine Liste von Touchpoints, zu denen konkrete Maßnahmen erarbeitet werden müssen. Spätestens hier sollte man sich mit Bewerber-Erfahrungen, externen Dienstleistern mit Candidate-Experience-Know-how oder anderen Wissensquellen auseinandersetzen. Bei jedem Touchpoint muss erarbeitet werden, welche Erwartungen Bewerber an diesen haben. Danach müssen sämtliche Hygienefaktoren eingeplant werden – also die Basis geschaffen werden, um die grundlegenden Erwartungen von Bewerbern zu erfüllen. Darauf aufbauend muss dann geprüft werden, mit welchen Maßnahmen man Motivatoren in die Touchpoints integrieren kann. Hygienefaktoren sind in diesem Kontext sämtliche Faktoren, deren Fehlen zu Unzufriedenheit beiträgt, aber deren Existenz keine Begeisterung auslöst. Das Gegenteil hiervon sind die sogenannten Motivatoren. Deren Fehlen hat keine größeren negativen Auswirkungen, aber deren Existenz führt zu Begeisterung (vgl. Herzberg et al. 1959).

- *Hohe* Ausprägung der Hygienefaktoren und *hohe* Ausprägung der Motivatoren: Bewerber sind rundum zufrieden mit dem Bewerbungsprozess und auch begeistert vom potenziellen Arbeitgeber. Dies ist die Idealsituation.
- *Hohe* Ausprägung der Hygienefaktoren und *geringe* Ausprägung der Motivatoren: Bewerber sind zufrieden mit dem Bewerbungsprozess und es gibt keine Beschwerden, aber sie sind nicht begeistert vom potenziellen Arbeitgeber.
- *Geringe* Ausprägung der Hygienefaktoren und *hohe* Ausprägung der Motivatoren: Bewerber sind mit dem Bewerbungsprozess unzufrieden, aber trotzdem vom potenziellen Arbeitgeber angezogen.
- *Geringe* Ausprägung der Hygienefaktoren und *geringe* Ausprägung der Motivatoren: Bewerber sind weder mit dem Bewerbungsprozess zufrieden, noch von dem potenziellen Arbeitgeber begeistert. Dies ist die schlechteste Situation.

Bei der Gestaltung von Maßnahmen sollte man auch immer im Blick haben, dass man ein möglichst konsistentes Arbeitgebermarkenerlebnis schaffen möchte. Sämtliche Maßnahmen müssen zur Grund-Aussage der eigenen Arbeitgebermarke passen, denn sonst wird man als Arbeitgeber sehr schnell austauschbar.

7.2.4 Tracking

Im Anschluss an die Erarbeitung der Maßnahmen muss man sich mit dem Thema der Messbarkeit und der permanenten Erfolgskontrolle auseinandersetzen. Das regelmäßige Tracking der Candidate Experience kann aus meiner Sicht nur aus einer Mischung von quantitativen und qualitativen Messungen geschehen. Eine lediglich qualitative Messung hat zwar eine hohe Inhaltstiefe, aber es fehlt durch die geringere Fallzahl an Validität und Varietät. Bei einer lediglich quantitativen Messung sieht es genau anders herum aus – es gibt zwar eine höhere Validität und Varietät, aber dafür eine zu geringe inhaltliche Tiefe.

Qualitative Messung
Grundsätzlich habe ich hier mit zwei Verfahren im Bereich der qualitativen Datenerhebung im Kontext Candidate Experience gute Erfahrungen gemacht.

- *Mystery Bewerber*: Bei dieser Methode nutzt man das aus dem Einzelhandel bekannte Qualitätsmanagement-Werkzeug des Test-Käufers (Mystery Shopper) und überträgt es auf Bewerbungsprozesse. Man beauftragt eine Agentur, eine gewisse Anzahl an anonymen Test-Bewerbern zu finden und so vorzubereiten, dass sie zu jedem Kontaktpunkt eine qualitative Aussage machen könnten. Man kann bei dieser Methode entweder den Test-Bewerbern keine Vorgaben machen, was sie machen sollen, oder ihnen verschiedene Szenarien vorgeben. Beispiele sind:

- Wie reagiert das Unternehmen, wenn man nicht alle Bewerbungsunterlagen hochlädt?
- Wie funktioniert die Bewerbung via Smartphone – wie über Mac?
- Wie lange und wie viele Klicks benötigt man, um sich zu bewerben?
- Wie reagiert das Unternehmen auf Rückfragen zu einer Position, zum Unternehmen oder zum Bewerbungsprozess?

Den Möglichkeiten sind hier keine Grenzen gesetzt. Wichtig ist jedoch, dass man sich vorher darauf einigt, was genau bewertet werden soll und in welcher Form. Falls man einen Betriebsrat im Unternehmen hat, sollte man ihn vorher über diese Maßnahmen informieren, inwieweit Mystery-Bewerber je nach Ausgestaltung der Methode mitbestimmungspflichtig sein könnten (wenn man beispielsweise Rückschlüsse auf einzelne Recruiter schließen könnte und dies dadurch direkt oder indirekt eine Leistungsbeurteilung implizieren würde).

- *Retrospektive Bewerber-Interviews*: Hierbei interviewt man zufällig ausgewählte Bewerber, nach Beendigung des Bewerbungsprozesses. In der Regel beginnt man mit offenen Fragen, was vom Bewerbungsprozess in Erinnerung geblieben ist. Danach geht man tiefer ins Detail und fragt nach konkreten Situationen und Bewertungen dieser Situationen. Hierbei hat man den Vorteil gegenüber der Methode Mystery -Bewerber, dass Bewerber ihre emotionale Kurve glaubwürdiger beschreiben können. Der Nachteil hingegen liegt in Verzerrungseffekten. Bei retrospektiven Interviews kann eine Verzerrung durch die retrospektive Sicht entstehen, der sogenannte Recall-Bias (vgl. Blank et al. 2007) – eine Verzerrung durch den Versuch der Erinnerung. Diese Verzerrung wird umso stärker, je länger der betrachtete Moment her ist. Weiterhin muss man in diesem Zusammenhang vom sogenannten Hindsight-Bias (vgl. Last 2000) ausgehen, welcher, je nach Ausgang der Bewerbungssituation, die Erinnerung an die Wahrnehmung der Vergangenheit beeinflussen kann. Bei einem positiven Ausgang des Bewerbungsprozesses werden die Erinnerungen wahrscheinlich positiver ausfallen als bei einem negativen Ausgang des Bewerbungsprozesses.

Quantitative Messung

- *Permanente Touchpoint-Messung*: Egal, wie man es nennt – ob Candidate Journey Mapping oder Candidate Experience Tracking – beiden Namen ist eines gemeinsam: Es geht um die möglichst umfassende, regelmäßige Erfassung von Daten an Touchpoints, an denen Bewerber und Arbeitgeber aufeinandertreffen. Für nahezu jeden Touchpoint muss man sich überlegen, welche Form der Befragung man nutzen möchte, da jeder Touchpoint andere technische oder logistische Voraussetzungen hat (vgl. Abschn. 7.2). So ist beispielsweise eine Befragung während einer Hochschulmesse anders durchführbar als eine Befragung nach dem Erhalt einer Eingangsbestätigung oder nach der Durchführung eines Interviews. Die Methodik kann jedoch bei allen Touchpoints die gleiche bleiben (vgl. Abschn. 7.3).

7.2.5 Optimierung

Auf Grundlage der Datenbasis kann man seine Prozesse permanent optimieren. Hierbei sollte man jedoch nicht reflexartig bei jeder Veränderung der Candidate-Experience-Messung damit beginnen, alles zu verändern. Wichtig ist hingegen, dass man regelmäßig überprüft, woran es liegt, wenn Veränderungen an der gemessenen Candidate Experience stattfinden. Nicht immer muss dies bedeuten, dass die Maßnahme nicht gut ist. Es kann genauso gut daran liegen, dass Maßnahmen nicht mehr so konsequent umgesetzt werden, wie es eigentlich vorgesehen war. Deswegen ist es viel wichtiger, zu prüfen, warum eine Maßnahme zu einer schlechten Candidate Experience führt, als eine sofortige Veränderung der Maßnahme einzuleiten.

In der Praxis zeigt es sich, dass häufig ein wenig Feintuning an einer Maßnahme deutlich dem kompletten Austausch einer Maßnahme zu bevorzugen ist – nicht nur mit Hinblick auf die eigenen Ressourcen. Nutzen Sie das inhaltliche Feedback, welches Sie aus dem Tracking (vgl. Abschn. 8.2.4) gewonnen haben – dann wird häufig klar, wo es noch Optimierungspotenzial gibt und wie eine effiziente Optimierung aussehen kann.

7.3 Ressourceneinsatz/-planung

Bei der Abwägung, ob man sich als Arbeitgeber mit einem Candidate-Experience-Projekt beschäftigen möchte, ist die Frage der nötigen Ressourcen ein wichtiges Entscheidungskriterium. Als Teil dieser Entscheidungsfindung ist es auch wichtig, sich damit zu beschäftigen, was man alles selbst leisten kann und wo man im Einzelfall Unterstützung benötigt. Das Wichtigste jedoch vorab: Wie in jedem anderen Projekt kann man nicht eine pauschale Größe für den Aufwand benennen, welche dann auch bei jedem Unternehmen passt. Ich gebe in Tab. 7.2 grobe Orientierungsgrößen, welche auf meinen Erfahrungen in solchen Projekten basieren. Eine der Annahmen bei der Definition dieser Orientierungsgrößen ist das Vorhandensein eines Projektleiters, welcher die Zeit und Qualifikation hat, sich primär mit dem Candidate-Experience-Projekt zu beschäftigen.

Tab. 7.2 Ressourcenplanung Candidate-Experience-Projekt

Projekt-Teil	Aufwand
Touchpoint-Analyse	1–2 Wochen
Priorisierung	1–2 Woche
Erarbeitung von Maßnahmen	2–4 Wochen
Umsetzung von Maßnahmen	4–16 Wochen
Einführung/Durchführung erstes Tracking	2–8 Wochen
Erste Optimierung	2–8 Wochen
Summe	*12–40 Wochen*

Unter diesen Bedingungen kann ein Candidate-Experience-Projekt in einem nicht zu komplexen Kontext in zwei bis drei Monaten abgeschlossen werden. Je nach Projekt-Teil muss man abwägen, ob man den Aufwand alleine leisten kann oder mit externer Hilfe. Grundsätzlich gilt: Wenn man einen Experten in den eigenen Reihen hat und dieser mit Zeit und Mitteln ausgestattet wird, braucht man gar keine externe Unterstützung – höchstens als intellektueller Sparring-Partner. Wenn man jedoch keinen ausgewiesenen Candidate-Experience-Experten im Unternehmen hat, folgt hier meine Einschätzung, bei welchen Projektteilen man externe Unterstützung in Anspruch nehmen sollte. Die Touch-point-Analyse ist meiner Meinung nach eine Arbeit, die man gut ohne externe Expertise umsetzen kann, da man seine eigenen Prozesse selbst am besten kennt. Man kann jedoch einen externen Moderator inkludieren oder jemanden, der die Ergebnisse noch einmal prüfend durchsieht.

Bei der Priorisierung der Maßnahmen ist es sinnvoll, externes Know-how zu nutzen. Es ist nicht immer einfach, abzuschätzen, welche Maßnahmen tatsächlich welchen Einfluss auf Bewerber haben. Abhilfe kann entweder eine eigene Marktforschung schaffen oder externe Dienstleister mit entsprechendem Erfahrungsschatz. Ähnlich sieht es bei der Erarbeitung von entsprechenden Maßnahmen aus – hier sollte man auf Erfahrungswerte und erprobte Praxisbeispiele setzen, da man dabei das Rad nicht immer neu erfinden muss – nichts desto trotz muss jede Maßnahme auch zur eigenen Arbeitgebermarke passen. Bei der Umsetzung der Maßnahmen benötigt man nur in Ausnahmesituationen, wie etwa bei technischen Lösungen, externe Unterstützung. Die Einführung eines Trackings ist klassisch eine Disziplin, bei der man Agenturen oder einzelne Dienstleister ins Boot holt – entweder für die Beauftragung von Mystery-Bewerbern, für die Durchführung von Interviews oder für die technische Umsetzung von permanenten Touchpoint-Messungen.

7.4 Worauf man bei der Auswahl von Dienstleistern achten sollte, wenn man einen Partner für das komplette Projekt sucht

Wie schon in den vorherigen Kapiteln beschrieben, kann es bei einem Candidate-Experience-Projekt sinnvoll sein, externe Experten zu beauftragen. Da das Thema Candidate Experience jedoch im deutschsprachigen Bereich noch relativ neu ist, ist es schwer, einzuschätzen, woran man einen kompetenten Dienstleister erkennen kann. Letzten Endes ist jede Form von Zusammenarbeit geprägt von einem Vertrauensverhältnis, und nur wenn dieses ausgeprägt existiert, ist eine fruchtbare Zusammenarbeit möglich.

Die hier aufgeführten Kriterien, welche ich Ihnen an die Hand geben möchte, sollen dabei helfen, den richtigen Dienstleister für die komplette Begleitung eines Candidate-Experience-Projektes auszuwählen, was bei der Vielzahl an Dienstleistern, die das Thema Candidate Experience für sich beanspruchen, nicht einfach ist. Ich verzichte bewusst darauf, einzelne Dienstleister lobend oder kritisierend zu erwähnen – machen Sie sich Ihr eigenes Bild, gerne anhand der folgenden Kriterien.

Wie lange beschäftigt sich der Dienstleister schon mit dem Thema?
Das Thema Candidate Experience hat in den letzten eins bis zwei Jahren mächtig an Fahrt aufgenommen und seitdem sprießen Dienstleister wie Pilze aus dem Waldboden. Teilweise dieselben Dienstleister, die zuvor noch die Nase über das Thema gerümpft haben. Hingegen gibt es auch ein paar wenige Dienstleister, die das Thema schon länger bearbeiten – meistens beeinflusst aus dem Ausland. Ein Blick bei Google verrät sehr schnell, ob sich Dienstleister länger mit dem Thema beschäftigen. Sie müssen sich selbst die Frage stellen, ob Sie bei einem solchen Projekt lieber jemandem vertrauen, der erst kurzfristig auf den Candidate-Experience-Zug aufgesprungen ist oder jemandem, der sich schon seit Jahren mit dem Thema beschäftigt.

Wie ganzheitlich betrachtet der Dienstleister Candidate Experience?
Wenn man sich einen Dienstleister sucht, der als Partner für das komplette Projekt infrage kommt, dann muss man jemanden finden, der das gleiche ganzheitliche Verständnis von Candidate Experience hat, wie man selbst. Es gibt Dienstleister, die sich sehr gut auf einzelne Teile eines Candidate-Experience-Projektes spezialisiert haben – diese sind wichtig und können einen großen Mehrwert leisten, insbesondere bei der Umsetzung von Maßnahmen. Als Partner für das komplette Projekt kommen solche Dienstleister in der Regel jedoch nicht infrage, da diese ein anderes Know-how mit sich bringen, als gesucht wird. Nur ein Dienstleister mit einer ganzheitlichen Vorstellung von einem Candidate Experience Management, welches sich nicht nur auf den Bewerbungsprozess beschränkt, kann in einem ganzheitlichen Projekt weiterhelfen.

Welche Praxisbeispiele kann der Dienstleister vorweisen?
Eigentlich selbstverständlich, aber ich möchte es trotzdem noch einmal hervorheben. Fragen Sie konkret nach, bei welchen Kunden ein Dienstleister ein komplettes Candidate-Experience-Projekt umgesetzt hat. Lassen Sie sich die Beispiele zeigen und erklären. Sie werden schnell ein Gefühl dafür bekommen, ob das, was der Dienstleister bisher geleistet hat, zu Ihren Vorstellungen passt oder nicht. Wenn Sie hingegen einen Dienstleister beauftragen, der sich noch nie mit einem kompletten Candidate-Experience-Projekt beschäftigt hat, bedeutet das nicht, dass ihm dies nicht trotzdem gut gelingen kann. Es ist nur ein gewisses Risiko vorhanden, über welches man sich als Arbeitgeber bewusst sein sollte.

7.5   Fazit

Ein Candidate-Experience-Projekt ist kein Hexenwerk – wenn es gut geplant ist und man sich traut, im einen oder anderen Fall Experten mit ins Boot zu holen, kann man mit überschaubarem Aufwand eine immense Verbesserung seiner Candidate Experience erzielen. Sowohl der personelle als auch der finanzielle Aufwand können sich in einem solchen Projekt in einem guten Verhältnis mit den erzielten Ergebnissen befinden. Lassen Sie sich von dem anfangs scheinbar hohem Aufwand und der Komplexität nicht aufhalten. Ein gutes Candidate Experience Management erfordert etwas mehr Initial-Aufwand, aber ist dann überschaubar, sowohl was den Aufwand an personellen als auch an finanziellen Ressourcen angeht.

Je länger man sich als Arbeitgeber mit dem Thema beschäftigt, desto weniger externen Input benötigt man mit der Zeit. Das interessanteste an einem Candidate-Experience-Projekt ist, dass man am Ende des Projektes viel deutlicher merkt, wie dringend notwendig es war, wie stark man Bewerber vergrault und/oder frustriert hat und wie groß der Mehrwert für die eigene Arbeitgebermarke ist.

Literatur

Bauer, C. A. (2011). *User Generated Content – Urheberrechtliche Zulässigkeit nutzergenerierter Medieninhalte* (S. 7 ff.). Berlin: Springer.

Blank, H., Musch, J., & Pohl, R. F. (Hrsg.). (2007). The hindsight bias [Sonderheft]. *Social Cognition, 25*(1), 1–9.

Herzberg, F., Mausner, B., & Snyderman, B. B. (1959). *The motivation to work* (2. Aufl.). New York: Wiley.

Kootz, J. (2014). Kundenorientiertes Personalrecruiting – Eine empirische Untersuchung unter besonderer Berücksichtigung von Customer Experience Management.

Last, J. M. (Hrsg.). (30. November 2000). *A dictionary of epidemiology* (S. 153). Oxford University Press. ISBN 978-0-19-977434-0. Zugegriffen: 28. März 2013.

Tim Verhoeven leitet das Recruiting und Personalmarketing bei der Unternehmensberatung BearingPoint. Zuletzt war er als Personalleiter für sämtliche Personalangelegenheiten des Modekonzerns TKN verantwortlich und davor hat er mehrere Stationen durchlaufen in den Bereichen Recruiting und Personalmarketing u. a. beim internationalen Kommunikationskonzern Vodafone und dem Marktführer im Bereich der elektrischen Verbindungstechnik Weidmüller. Er ist ein Vorreiter in Deutschland zum Thema Candidate Experience – als Berater, Blogger (NochEinPersonalmarketingBlog), Autor und Redner.

Bridging the Scientist-Practitioner Gap: Einflussfaktoren auf die Bewerberakzeptanz bei neuen Technologien am Beispiel zeitversetzter Video-Interviews

8

Falko Brenner

> *Es ist nicht gesagt, dass es besser wird, wenn es anders wird. Wenn*
> *es aber besser werden soll, muss es anders werden.*
> (Georg Christoph Lichtenberg)

Inhaltsverzeichnis

8.1	Einleitung	72
8.2	Zeitversetzte Video-Interviews: Definition und Funktionsweise	74
8.3	Rahmenmodell der Bewerberreaktionen	75
8.4	Die einzelnen Einflussfaktoren und ihre Wirkung	78
	8.4.1 Umfassende Informationen zu Stelle und Unternehmen	78
	8.4.2 Stellenbezug: Was hat ein Auswahlverfahren mit der Stelle zu tun?	79
	8.4.3 Chance to Perform: Bewerber wollen zeigen, was sie können	79
8.5	Feedback: Nachvollziehen und Verstehen	80
	8.5.1 Fairness heißt gleiche Chancen für alle: Konsistenz im Bewerbungsprozess	81
	8.5.2 Kommunikation: sollte ehrlich und offen sein	82
	8.5.3 Nutzerfreundlichkeit	84
	8.5.4 Wahrgenommener Nutzen – auch für Bewerber	85
	8.5.5 Hängt letztlich doch alles am Ergebnis?	85
	8.5.6 Exkurs: Hängt die Candidate Experience von der Persönlichkeit ab?	86
8.6	Schlussfolgerung	87
	Literatur	88

F. Brenner (✉)
viasto GmbH, Mehringdamm 32-34, 10961 Berlin, Deutschland
E-Mail: falko.brenner@viasto.com

© Springer Fachmedien Wiesbaden 2016
T. Verhoeven (Hrsg.), *Candidate Experience*, DOI 10.1007/978-3-658-08896-5_8

Zusammenfassung

Dieser Beitrag zielt daher darauf ab, bekannte Prinzipien aus Bewerberreaktions- und Technologieakzeptanzforschung neu zu betrachten und Stellschrauben für moderne und innovative Personalauswahl am Beispiel zeitversetzter Video-Interviews aufzuzeigen.

8.1 Einleitung

Die folgenden zwei plakativ gehaltenen Beispiele sollen verdeutlichen, wie unterschiedlich Auswahlprozesse gestaltet sein können, auch wenn diese sich auf vergleichbare Vakanzen beziehen. So vielfältig, wie die Unterschiede hier sind, sind auch die Stellschrauben, mit denen sich die „Candidate Experience" beeinflussen lässt.

So besser nicht

Marta Mayer, die gerade ihren Abschluss in International Business gemacht hatte und auf Jobsuche war, fand eines Morgens in ihrem E-Mail-Postfach die Einladung zu einem Video-Interview. Als Ansprechpartner firmierte „Die Personalabteilung". Sie war etwas verblüfft, da sie sich auf mehrere Ausschreibungen beworben hatte und von dem Unternehmen, das ihr eben die Einladung geschickt hatte, seit Wochen nichts gehört hatte. Auch wenn die Stelle bei einem großen Jobportal ausgeschrieben war, konnte sie sich nicht erinnern, etwas über den Ablauf des Auswahlprozesses geschweige denn über Video-Interviews als dessen Bestandteil gelesen zu haben. Auch bekam sie sonst keine weiteren Informationen. Das Video-Interview an sich bestand aus fünf Fragen, die eher wenig mit der Stelle zu tun hatten und auf Marta recht abgedroschen wirkten. Insgesamt hatte sie den Eindruck, zu wenig informiert worden zu sein. Nachdem sie das Video-Interview durchgeführt hatte, hörte sie Wochen wieder nichts, bevor eine weitere E-Mail in ihrem Postfach auftauchte. Diese lautete:

„Sehr geehrte/r Herr/Frau Mayer,
wir bedanken uns für Ihr Interesse an unserem Unternehmen. Leider müssen wir Ihnen mitteilen, dass wir uns bezüglich der Besetzung der Stelle „Trainee Marketing Manager (m/w)" anderweitig entschieden haben.
Mit freundlichen Grüßen,
Ihre Personalabteilung."

Als sie kurze Zeit darauf wieder eine Ausschreibung des gleichen Unternehmens fand, verzichtete sie auf eine erneute Bewerbung. Ihre Erfahrungen teilte sie im Social Web, unter anderem mit Freunden und auf diversen Arbeitgeber-Bewertungsplattformen.

Und so?

Peter Schmidt wusste, dass sein Lebenslauf weniger Praktika oder vorzeigbare Zusatzqualifikationen aufwies als die Unterlagen einiger seiner Kommilitonen. Seine

Semesterferien verbrachte er lieber mit Tätigkeiten, die kaum prestigeträchtige Referenzen produzierten, dafür aber ihm sinnstiftend erschienen, wie die Programmierung und Betreuung des Webauftritts des Jugendzentrums in der Nachbarschaft. Beim Stöbern nach Stellenanzeigen fand er die Ausschreibung für ein Traineeprogramm, das sich an sogenannte „Querdenker" richtete. Die Stellenbezeichnung lautete „Trainee Marketing Manager (m/w)". Etwas skeptisch besuchte er die Karrierewebseite und fand dort Erfahrungsberichte zum Traineeprogramm, ein persönliches Grußwort des verantwortlichen Personalleiters und weitere nützliche Hinweise, die mehr als eine realistische Beschreibung der Tätigkeit als ein bloßes Loblied auf den Arbeitgeber gehalten waren.

Zudem wurde klar kommuniziert, dass sich viele Bewerber auf eine begrenzte Anzahl an Stellen bewerben und daher Wert auf ein faires Auswahlverfahren gelegt werde. Dazu gehören in erster Stufe zwei Online-Tests und ein zeitversetztes Video-Interview, in der zweiten Runde ein Assessment-Center und zuletzt ein Interview mit Fachabteilungsvertretern. Die Zeitrahmen waren detailliert in einem Flow-Chart dargestellt. Auch wurde betont, dass solche Bewerber erwünscht seien, deren Lebensläufe vielleicht auch ein paar Umwege statt Geradlinigkeit enthielten. Die Bewerbung war praktischerweise sowohl über ein Online-Format, E-Mail als auch direkt über ein Social-Media-Profil möglich. Kurz nach der angekündigten Bewerbungsfrist bekam Peter die Einladung zu einem Online-Assessment und einem zeitversetzten Video-Interview. Zuerst absolvierte er das Online-Assessment und dann das zeitversetzte Video-Interview. Beim zeitversetzten Video-Interview wurde er mit einem Video begrüßt, in dem sich der Personalleiter für die Bewerbung bedankte, einige Details über das Traineeprogramm sagte und sich auch einige Fachabteilungsleiter vorstellten. Die Fragen zielten klar auf die Stelle ab und zudem auf Kompetenzen, die in Lebensläufen so nicht direkt ersichtlich sind.

Zwei Tage vor Ablauf dieser Frist bekam Peter Schmidt einen Anruf seiner Ansprechpartnerin mit der Nachricht, es in die nächste Stufe, den Assessment-Tag, geschafft zu haben. Dieser fand zwei Wochen später statt. Beim Assessment-Tag hatte Peter von der ersten Übung an ein schlechtes Gefühl und bekam auch am Ende ein weniger erfreuliches Feedback. Für die Endauswahl hatte es leider nicht gereicht. Trotz dieser Enttäuschung fühlte sich Peter während des ganzen Prozesses gut informiert, wertgeschätzt und fair behandelt. Bei der nächsten Ausschreibung wird er sich definitiv wieder bewerben und auch Freunden und Bekannten dazu raten.

Unter dem Label „Candidate Experience" wird vieles subsumiert, was in der Personalpsychologie seit vielen Jahren als Bewerberreaktionen (im Englischen „Applicant Reactions") intensiv beforscht wird. Forschung und Praxis bewegten sich allerdings viele Jahre lang auseinander, da lange Zeit auf dem Arbeitsmarkt ein Angebotsüberschuss an Arbeitskraft herrschte und so bei hohen Bewerberzahlen die Kandidatenperspektive oft in den Hintergrund geriet. Nachdem sich dieses Verhältnis gedreht hat, rücken die Bewerber wieder in den Vordergrund. Parallel zu dieser Entwicklung wird Recruiting zunehmend globaler, mobiler und vernetzter. Durch neue Technologien wird es nunmehr notwendig, den Einfluss beider Faktoren – Fairnessregeln von Auswahlverfahren und Prinzipien der Technologieakzeptanz – in Symbiose zu betrachten. Dieser Beitrag zielt daher darauf ab, bekannte Prinzipien aus Bewerberreaktions- und Technologieakzeptanzforschung neu zu betrachten und Stellschrauben für moderne und innovative Personalauswahl am Beispiel zeitversetzter Video-Interviews aufzuzeigen.

8.2   Zeitversetzte Video-Interviews: Definition und Funktionsweise

Zeitversetzte Video-Interviews sind eine innovative Methode der Personalvorauswahl (Becker 2014). Bewerber zeichnen ihre Antworten auf stellenspezifische Fragen per Webcam auf. Im Anschluss bewerten Vertreter aus Personal- und Fachabteilung anhand vordefinierter Bewertungskriterien die einzelnen Videosequenzen. Auf Grundlage dieser Bewertungen wird eine Vorauswahlentscheidung getroffen.

Der Prozess lässt sich auf Recruiter- und Bewerberseite wie folgt beschreiben.

Recruiterseitig

Anhand eines Stellenprofils leiten Personalverantwortliche einen kurzen Interviewleitfaden und relevante Eignungskriterien ab oder greifen auf fertige Vorlagen zurück. Eine Anforderung könnte Teamfähigkeit als Kriterium sein mit der Frage „Bitte beschreiben Sie eine Situation, in der Sie erfolgreich in einem Team gearbeitet haben. Was haben Sie konkret zur Erledigung dieser Aufgabe beigetragen?" Bewertungskriterium mit Anker sind „trägt zur Zielklarheit bei" oder „unterstützt Teamkollegen in schwierigen Situationen". Fragen und Bewertungskriterien werden in einem Projekt angelegt und eine Vorbereitungs- sowie Antwortzeit für jede Frage definiert. Außerdem wird festgelegt, ob einzelne Fragen dem Bewerber vorab zugänglich gemacht werden sollen. So wissen Bewerber zum einen, was sie erwartet, zum anderen können auf diese Weise auch kleine Arbeitsproben eingebaut werden. Zum Beispiel können Bewerber für eine Marketingvakanz gebeten werden, sich vor dem Interview auf der Website mit der Produktpalette vertraut zu machen und daran die primären Zielgruppen zu definieren.

Ein typisches Video-Interview enthält meist fünf bis sechs Fragen. Zur Durchführung des Video-Interviews werden die Kandidaten per E-Mail eingeladen. Nachdem die Kandidaten die Video-Interviews durchgeführt haben, bewerten Recruiter und/oder Fachabteilungsvertreter die einzelnen Videosequenzen anhand der zuvor definierten Kriterien. Auf Grundlage dieser Ergebnisse wird dann eine Auswahlentscheidung getroffen.

Bewerberseitig

Bewerber werden über eine personalisierte E-Mail zur Durchführung des Video-Interviews eingeladen. Dies wird bereits bei der Prozessbeschreibung des Auswahlprozesses angekündigt. Die Einladungs-E-Mail enthält einen Link, mit dem sich die Bewerber in die *interview suite* einloggen und ihren persönlichen Account erstellen (siehe Abb. 8.1). Dort erwartet die Bewerber ein Begrüßungsvideo, in dem sich der spätere Vorgesetzte oder

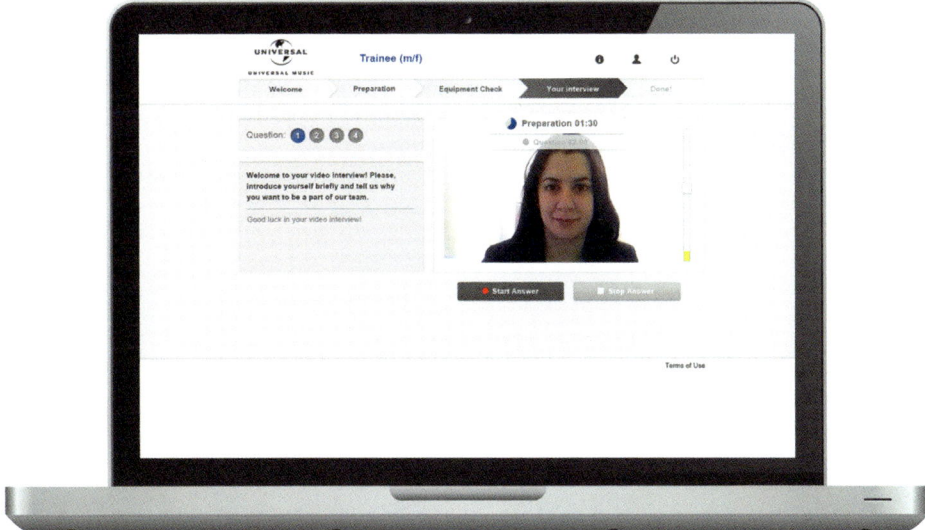

Abb. 8.1 Screenshot Interview Suite

die späteren Kollegen vorstellen und etwas über die ausgeschriebene Stelle, das Team oder auch das Arbeitsumfeld erzählen. Danach testen die Bewerber ihr Equipment, um sicherzustellen, dass die Aufzeichung des Video-Interviews eine ausreichende Qualität aufweist, und können Beispielfragen beantworten. Wenn die Bewerber mit der technischen Qualität zufrieden sind, können sie das Video-Interview beginnen. Um vergleichbare Bedingungen zu schaffen, können sie das Interview nur einmal durchführen. Das heißt, sobald sie einmal begonnen haben, können sie nicht nach zwei Fragen aufhören, sich ausloggen und etwa zu einem späteren Zeitpunkt die letzten Fragen beantworten.

8.3   Rahmenmodell der Bewerberreaktionen

Der Ausdruck „Candidate Experience" hat sich die letzten Jahre rasant in der HR-Szene verbreitet und beschreibt die Wahrnehmung eines Auswahlprozesses aus Bewerberperspektive inklusive der davorliegenden und nachfolgenden Prozesse (vgl. Abschn. 2.4). Viele Beiträge beschäftigen sich damit, wie die Bewerberwahrnehmung von Auswahlprozessen verbessert werden kann. Hierzu ist es allerdings zuerst wichtig, die Stellschrauben und Wirkungsmechanismen zu kennen. Hierfür muss das Rad nicht neu erfunden werden. In diesem Beitrag werden daher zwei theoretische Rahmenmodelle verwendet, die aus langjähriger Forschung zu Bewerberreaktionen und der Technologieakzeptanzforschung stammen.

Auswahlprozesse
Das einflussreichste und etablierteste Erklärungsmodell für die Bewerberwahrnehmung von Auswahlprozesse stammt von dem amerikanischen Forscher und Professor für

Tab. 8.1 Fairnessregeln für Auswahlprozesse nach Gilliland (1993)

Fairnessregel	Bedeutung
Stellenbezogenheit der Inhalte	Ist ein Bezug zwischen den Inhalten eines Auswahlverfahrens und den Stellenanforderungen erkennbar?
Möglichkeit zu zeigen, was man kann	Gibt ein Verfahren Bewerbern die Möglichkeit, ihre Fähigkeiten und Qualifikationen angemessen zu demonstrieren?
Einsichtsmöglichkeit/ Nachvollziehbarkeit	Ist es möglich, Testergebnisse oder Auswahlergebnisse einzusehen oder nachvollziehen zu können?
Konsistenz	Durchlaufen alle Bewerber den gleichen Prozess oder gibt es „Ausnahmen"?
Feedback	Gibt es ein qualifiziertes Feedback, aus dem ein Bewerber lernen kann?
Bereitstellung nötiger Information	Wissen Bewerber, wie der Auswahlprozess abläuft und welche Stufen er beinhaltet?
Ehrlichkeit	Wie offen wird mit den Bewerbern kommuniziert?
Persönlicher Umgang	Werden Bewerber als „Bittsteller" behandelt oder als Partner auf Augenhöhe?
Auswahlentscheidung	Wird die Auswahlentscheidung als gerecht oder ungerecht empfunden?

Management Stephen Gilliland (1993) und geht ursprünglich auf die organisationale Gerechtigkeitstheorie zurück. Die Grundannahme dieses Rahmenmodells besteht darin, dass Bewerber abwägen, inwieweit verschiedene Fairnessregeln in einem Auswahlprozess eingehalten oder verletzt werden. Die Fairnessregeln beziehen sich auf prozedurale, distributive und interaktionale Aspekte eines Auswahlprozesses. Prozedurale Fairnessregeln beziehen sich darauf, wie ein Prozess abläuft; distributive Fairnessregeln beziehen sich darauf, ob ein Auswahlergebnis als fair wahrgenommen wird; interaktionale beziehen sich auf die Art und Weise der Kommunikation zwischen Bewerber und Personalverantwortlichen.

Die Tab. 8.1 soll verdeutlichen, was die Regeln im Einzelnen bedeuten.

Diese Fairnessregeln sind zunächst komplett unabhängig davon, ob es sich um Online-Verfahren wie zeitversetzte Video-Interviews oder ein traditionelles Interview handelt, auch wenn manche Features einen Einfluss auf einzelne Regeln haben können. Sobald jedoch ein Medium, also eine Technologie eingesetzt wird, wie es nicht nur bei zeitversetzen Video-Interviews der Fall ist, sondern auch bei allen Online-Assessments, beeinflussen auch technologieabhängige Faktoren die Bewerberwahrnehmung.

Technologieakzeptanz

Nach dem Technologieakzeptanzmodell von Davis (1989) beeinflussen zwei entscheidende Faktoren die positive oder negative Wahrnehmung einer Technologie: Diese sind *wahrgenommene Nutzerfreundlichkeit* und der *wahrgenommene Nutzen*. Nutzerfreundlichkeit bezieht sich auf eine intuitive Bedienung und die Abwesenheit technischer

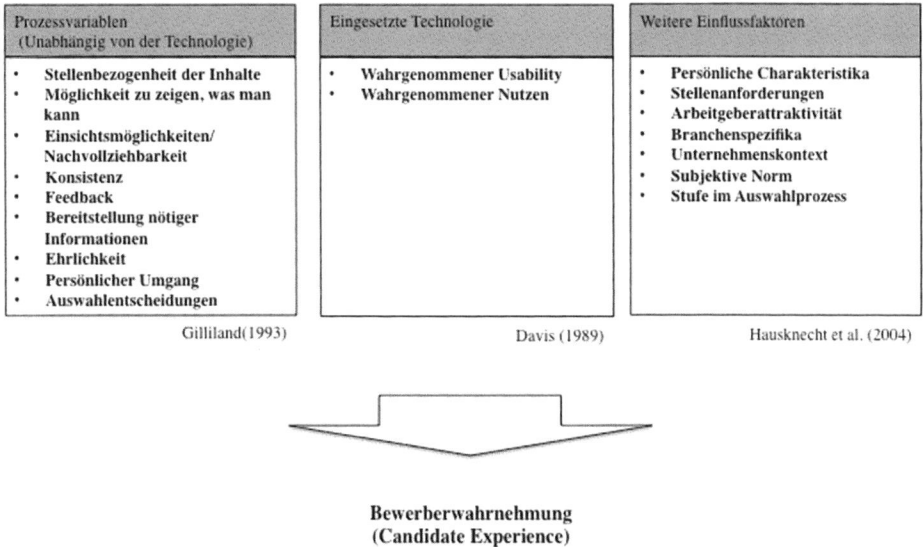

Abb. 1: Einflussfaktoren auf die Bewerberwahrnehmung innovativer Auswahlverfahren

Abb. 8.2 Einflussfaktoren Bewerberwahrnehmung

Barrieren. Der wahrgenommene Nutzen bezieht sich aus Bewerberperspektive darauf, ob ein Nutzen oder der Sinn eines Verfahrens deutlich zu erkennen ist. Dies zeigt sich in der Frage: „Warum wird das Verfahren eingesetzt?"

Weitere Einflussfaktoren

Es gibt noch eine Reihe weiterer, zum Teil auch externer Einflussfaktoren, die sich auf die Bewerberwahrnehmung auswirken (siehe Abb. 8.2). Dies sind beispielsweise persönliche Charakteristiken der Bewerber, zum Beispiel deren Persönlichkeit. Darauf soll später in einem Exkurs noch im Detail eingegangen werden. Daneben spielen aber auch die Arbeitgeberattraktivität, Stellen- oder Branchenspezifika, die Stufe im Auswahlprozess oder subjektive Normen eine Rolle. Da sich insbesondere die externen Faktoren wie Branchenspezifika kaum ändern lassen oder die Arbeitgeberattraktivität kurzfristig nicht so einfach geändert werden kann, werden diese Aspekte hier nur am Rande erwähnt.

Prozessgestaltung, Technologieeinsatz und weitere Einflussfaktoren sind wichtig, um Unterschiede in der Bewerberwahrnehmung zu erklären. Die beste und intuitivste Technologie nützt nichts, wenn grundlegende Fairnessregeln nicht beachtet werden. Das fairste Verfahren nützt ebenso wenig, wenn nur zwei von zehn Bewerbern ein Auswahlverfahren durchlaufen, weil sie an technischen Barrieren oder mangelnder Nutzerfreundlichkeit scheitern. Im nächsten Abschnitt soll nun auf die einzelnen Aspekte eingegangen werden. Am Beispiel zeitversetzter Video-Interviews werde ich Wirkungsmechanismus und Einflussmöglichkeiten erläutern.

8.4   Die einzelnen Einflussfaktoren und ihre Wirkung

8.4.1   Umfassende Informationen zu Stelle und Unternehmen

Personalauswahl ist niemals unidirektional und dient immer dazu, eine Passung zu finden (Kristof-Brown 2000): Eine Passung zwischen den Fähigkeiten eines Bewerbers und bestimmten Stellenanforderungen (Person-Job-Fit), aber auch eine Passung zwischen Interessen und Werten eines Bewerbers und denen eines Arbeitgebers (Person-Organization-Fit). Eine Möglichkeit für diesen Abgleich ist eine realistische Tätigkeitsbeschreibung in Form von Videos, Erfahrungsberichten, Selbst-Exploration und vielem mehr. Insbesondere bei Zielgruppen ohne oder mit wenig Berufserfahrung (z. B. Auszubildende) ist es sehr wichtig, wertvolle und nützliche Orientierungshilfen zu geben. Dies wirkt sich nachweislich auf die Fluktuationsneigung aus (Earnest et al. 2011), also darauf, ob ein neuer Auszubildender früh nach einem Realitätscheck wieder das Handtuch wirft. Daher ist auch abzuraten, zu blumige Beschreibungen des Arbeitsalltags zu geben. Bewerber sollen aber auch nicht abgeschreckt werden. Der Fokus liegt daher auf Ausgewogenheit, auch wenn die Balance zwischen positiver Employer Brand und realistischer Beschreibung der Tätigkeiten nicht immer einfach ist.

Bei zeitversetzten Video-Interviews mit der *interview suite* ist eine realistische Erwartungshaltung mithilfe obligatorischer Intro-Videos realisiert worden, in denen sich, je nach Stelle und Unternehmen individuell gestaltet, potenzielle Vorgesetzte und Kollegen präsentieren und den Bewerbern einen Einblick in den Arbeits- und Unternehmensalltag geben können. Große Aufwendungen für professionelle Videoproduktionen sind dabei oft gar nicht notwendig. Eine Forschungsarbeit (Naß 2014) konnte zeigen, dass sich Videos mit einer authentischen, persönlichen Vorstellung positiver auf die Bewerberwahrnehmung auswirken als unpersönliche Hochglanzvideos. Bei einem Start-up ist es daher oft vorteilhafter, wenn beispielsweise jemand mit dem Smartphone durch die Abteilung geht, alle zukünftigen Kollegen sich kurz vorstellen und beschreiben, was sie machen oder von ihrem neuen Kollegen erwarten. Es kann aber auch sein, dass ein Unternehmen bewusst Perfektion ausstrahlen will, etwa im Bereich Cosmetics oder Media. In diesem Fall wäre ein hochproduziertes Video auch authentisch.

Zusammengefasst beinhalten die Wirkungsmechanismen ein authentisches Bild des Unternehmens- und Arbeitsalltags sowie eine klare Beschreibung der Aufgaben und Tätigkeiten.

Dos
- Aufgaben realistisch beschreiben
- Arbeitsumfeld authentisch beschreiben

Don'ts

- Zu „blumige" Darstellungen
- Plumpe Anbiederungen oder Musikvideos mit rappenden Mitarbeitern

8.4.2 Stellenbezug: Was hat ein Auswahlverfahren mit der Stelle zu tun?

Was ist der Unterschied zwischen den Fragen „Was sind ihre Schwächen?" und „Bitte beschreiben Sie ein Projekt, bei dem eine wichtige Deadline nicht eingehalten werden konnte. Was waren die Gründe dafür und was haben Sie daraufhin konkret unternommen?" Über Sinn und Unsinn der ritualisierten „Schwächenfrage" lässt sich gerne streiten. Der Hauptpunkt ist allerdings, dass die zweite Frage einen sehr deutlichen Stellenbezug hat, etwa bei der Position eines Projektmanagers. Andere Fragen beziehen sich vielleicht nicht direkt auf die Aufgaben, die eine Position mit sich bringt, aber im Arbeitsumfeld doch sehr wichtig sind. Wenn beispielsweise die zukünftigen Kollegen im Begrüßungsvideo schon von der Arbeit in ihrem Team erzählt haben und auf einige Stressmomente hinweisen, ist auch bei Fragen zu Teamfähigkeit oder Stressresistenz jedem Bewerber klar, welchen Bezug die Frage zur Stelle hat und warum sie gestellt wird. Die Stellenbezogenheit von Auswahlinhalten hat sich auch empirisch als einer der stärksten Einflussfaktoren überhaupt auf die Bewerberwahrnehmung gezeigt (Hausknecht et al. 2004) – und dies über verschiedenste Verfahren und Inhalte hinweg. Dieses Prinzip ist auch eng verwandt mit der *Augenscheinvalidität* (Face-Validity). Das bezeichnet die vom Bewerber subjektiv wahrgenommene Aussagekraft eines Verfahrens. Der Zusammenhang zwischen Verfahrensinhalt und Eignungsrelevanz für eine bestimmte Position springt ins Auge. Auch sogenannte Brainteaser („Wie viele Tankstellen gibt es in Manhattan?") sind umstritten.

Dos

- Beim Formulieren von Fragen und Testinhalten stets auf Stellenbezug achten

Don'ts

- Fragen ohne Stellenbezug sowie Brainteaser oder sehr abstrakte Formulierungen vermeiden

8.4.3 Chance to Perform: Bewerber wollen zeigen, was sie können

Einige der erfolgreichsten Geschäftsmänner der Welt sind oder waren Studienabbrecher. Steve Jobs und Bill Gates sind wohl nur die prominentesten Beispiele dieser Kategorie.

In vielen Auswahlverfahren hätten sie trotzdem keine Chance gehabt. Oft ist es bei Lebenslaufscreenings üblich, Bewerber in ABC-Schemata zu kategorisieren. Lücken im Lebenslauf oder fehlende Qualifikationen, die schnell erlernt werden könnten, sind hierbei oft schon ein ausreichendes Kriterium, um aus dem Raster zu fallen. Dazu streuen Lebenslaufdaten bei homogenen Bewerbergruppen (z. B. Trainees) oft wenig und sind bei solchen Bewerbergruppen eher im niedrigeren Bereich bezüglich ihrer Aussagekraft (Harvey-Cook und Taffler 2000).

Dies führt bei Bewerbern folglich schnell zum Gefühl, gar nicht die Gelegenheit zu bekommen, ihre Fähigkeiten zu demonstrieren. Die Evaluierung des umstrukturierten Auswahlprogramms eines großen deutschen Telekommunikationskonzerns zeigte beispielsweise, dass 20 % der letztlich eingestellten Kandidaten beim herkömmlichen „alten" Prozess gar nicht erst in spätere Auswahlstufen eingeladen worden wären (Lindemann und Brenner 2013).

Auch bevorzugen Bewerber tendenziell offenere und interaktivere Auswahlverfahren gegenüber solchen mit eingeschränktem oder gar keinem Gestaltungsspielraum. Aus diesem Grund steht bei Bewerbern das persönliche Einstellungsgespräch weiterhin ganz oben auf der Liste der präferierten Verfahren (Anderson et al. 2010), da dies Bewerbern subjektiv die größte Verhaltenskontrolle bietet. Allerdings ist bei mehrstufigen Auswahlprozessen und Positionen mit vielen Bewerbern auf wenige Stellen den meisten Kandidaten relativ bewusst, dass interaktivere Verfahren erst am Ende des Auswahlprozesses stehen. Da dies bewerberseitig jedoch nicht immer klar erkennbar ist, sollte man diese Prozessschritte deutlich kommunizieren.

Dos
- Soweit möglich, offene Antwortformate mit großem Gestaltungsspielraum geben
- Gestaltungsmöglichkeiten aufzeigen

Don'ts
- Filter beim CV-Screening zu eng ansetzen

8.5 Feedback: Nachvollziehen und Verstehen

Eines der schwierigsten Dinge in der Praxis ist es wohl, Bewerbern Einsicht in die Gründe für eine Positiv- aber insbesondere auch Negativentscheidung durch qualifiziertes Feedback zu geben. Dafür gibt es primär zwei Gründe: Zum einem sind bei hohen Bewerberzahlen schnell Ressourcengrenzen erreicht, sodass es schlicht nicht möglich ist, allen, auch abgelehnten, Bewerbern die Gründe für eine Entscheidung zu erläutern. Zum anderen sind Unternehmen auch aus Selbstschutz darauf bedacht, möglichst wenig Angriffsfläche für eventuelle Rechtsstreitigkeiten zu bieten. Daher ist es wichtig, auch bei Auswahlentscheidungen, die in frühen Auswahlschritten getroffen werden – seien es grundlegende fehlende Qualifikationen, Online-Assessments oder zeitversetzte Video-Interviews – einen Mittelweg zwischen Praktikabilität und persönlicher Wertschätzung zu finden. Hierbei kann man beispielsweise Absageentscheidungen möglichst individuell kommunizieren, auf Standardfloskeln verzichten oder auch auf die Möglichkeit einer abermaligen Bewerbung hinweisen.

Dos
- Wertschätzung ausdrücken
- Auf Möglichkeit der Wiederbewerbung hinweisen
- Persönlichen Ansprechpartner benennen

Don'ts
- Standardfloskeln

8.5.1   Fairness heißt gleiche Chancen für alle: Konsistenz im Bewerbungsprozess

Konsistenz im Bewerbungsprozess bedeutet, dass alle Kandidaten den gleichen Prozess durchlaufen. Es geht also um Chancengleichheit und nicht um das Recht auf das gleiche Ergebnis. Dies klingt zunächst einmal selbstverständlich, muss es aber nicht unbedingt sein. Konsistenz würde in letzter Konsequenz auch bedeuten, in persönlichen Auswahlgesprächen Interviewleitfäden zu verwenden, sodass eine Vergleichbarkeit gewährleistet ist. Trotz ermunternder Zahlen gibt es hier noch Luft nach oben (Schuler et al. 2007). Während es allerdings in Auswahlgesprächen fast noch verzeihlich ist, keine Leitfäden zu verwenden, ist die Konsistenz viel mehr gefährdet, wenn Verfahren rotiert werden. Dies wäre der Fall, wenn je nach Kandidat entweder zeitversetzte Video-Interviews oder Telefoninterviews durchgeführt werden, oder etwa in der letzten Auswahlstufe, je nach räumlichem Sitz des Bewerbers, der eine zu einem Auswahltag eingeladen wird, der andere ein Interview über Videoschaltung durchführt. Zudem betrifft Konsistenz klare Entscheidungsregeln: Dies bedeutet a priori zu definieren, wer bei welchem Auswahlwert wann in eine nächste Stufe kommt. Es sollten keine „Ausnahmen" gemacht werden, damit diese nicht irgendwann zur Regel werden.

Das Grundproblem inkonsistenter Prozesse besteht in der wahrgenommenen Verletzung des Gleichheitsprinzips, welches eine der wichtigsten Fairnessregeln darstellt. Bei Verletzung dieses Prinzips sind Bewerber weniger geneigt, eine Offerte anzunehmen, den potenziellen Arbeitgeber weiterzuempfehlen oder sich zu einem späteren Zeitpunkt erneut zu bewerben (Hausknecht et al., 2004). Bewerber tauschen sich bekanntlich untereinander aus, was dank der Möglichkeiten des Internets in entsprechenden Foren schnell Fragen aufwirft wie „Warum ich so und der andere so?" Einzelne Bewerber fühlen sich ungerecht behandelt und wittern Willkür.

Konsistenz ist daher enorm wichtig. Bei zeitversetzen Video-Interviews ist die Vergleichbarkeit des Prozesses schon durch den Workflow technisch realisiert. Vergleichbarkeit muss aber auch im restlichen Prozess gegeben sein. Eine besondere Herausforderung stellt in diesem Kontext auch die „positive" Diskriminierung (Bevorzugung benachteiligter Bewerbergruppen) dar, was hier aber nicht vertieft behandelt werden soll. Abgesehen von diesem Spezialfall gilt: Prozesse konstant halten und festgelegte Entscheidungsregeln einhalten. Begründete Ausnahmen müssen dokumentiert werden und Ausnahmen bleiben.

Dos
- Prozesse konsistent halten
- „Ausnahmen" bleiben „Ausnahmen" und die Gründe müssen dokumentiert werden

Don'ts
- Willkürliche Prozessgestaltung
- Prozesse nicht dokumentieren

8.5.2 Kommunikation: sollte ehrlich und offen sein

In der Sozialpsychologie gibt es ein Modell, welches besagt, dass das Nichterreichen eines Zieles zu Frustration führt, und Frustration in einzelnen Fällen zu Aggression (Berkowitz 1989). Diese wird in neuerer Zeit auch gerne verbal auf entsprechenden Foren zum Ausdruck gebracht.

Beispiel

Auf den Auswahlprozess bezogen kann sich der Leser folgende Situation vorstellen: Sie bewerben sich für eine attraktive Stelle. In der Stellenanzeige ist lediglich der Link zu einem Bewerbermanagement-System eingebettet. Dort haben Sie nach zweistündiger Anstrengung auch ihre Zeugnisse mit der Hilfe eines befreundeten Mediendesigners auf die maximale Downloadgröße von 2 MB komprimiert und hochgeladen. Sie bekommen eine freundliche Eingangsbestätigung per Mail. Zwei Wochen später finden Sie in Ihrem E-Mail-Postfach die Einladung zu einem Online-Assessment. Nachdem Sie diese Ihrer Bewerbung von vor zwei Wochen zugeordnet haben, loggen Sie sich ein und bearbeiten mehrere Fähigkeitstests. Nach Abschluss bekommen Sie eine freundliche Bestätigungs-Mail. Drei Wochen später finden Sie in Ihrem E-Mail-Postfach die Einladung zu einem zeitversetzten Video-Interview. Nachdem Sie diese E-Mail Ihrer Bewerbung von vor fünf Wochen zugeordnet haben, führen Sie dieses durch. Nach Abschluss bekommen Sie eine freundliche Bestätigungs-Mail. Nach weiteren drei Wochen bekommen Sie einen Anruf eines freundlichen Personalsachbearbeiters, den sie nach kurzer Zeit auch Ihrer Bewerbung von vor acht Wochen zuordnen und der sie zu einem Auswahltag einlädt, welcher in zwei Wochen stattfindet. Nach dem Auswahltag gehen Sie zwar mit einem guten Gefühl nach Hause und der etwas schwammigen Ankündigung, man werde sich melden, sobald eine Entscheidung gefallen sei. Nach weiteren zwei Wochen bekommen Sie einen Anruf eines freundlichen Personalsachverständigen, der Ihnen mitteilt, dass die Wahl auf Sie gefallen sei. Dumm ist nur, dass Sie jetzt eine andere Offerte angenommen haben, da sie – warum auch immer – nicht länger warten wollten. Wie viel dies Unternehmen kostet, lässt sich sogar quantifizieren (Murphy 1987).

In diesem Beispiel werden zwar die Probleme langer Prozesse und schlechter Kommunikation vermischt, aber wenn ein Prozess, aus welchen Gründen auch immer, länger dauert, ist die Kommunikation umso wichtiger. Hierzu gehört, von Anfang an klar zu kommunizieren, wie der Prozess aussieht, in welchen Schritten dieser ablaufen wird (auch wenn es mehrere sind) und mit welchem Zeitrahmen der Bewerber rechnen muss. Selbst wenn der Prozess langwieriger sein sollte, können Bewerber nun planen, ob sie noch abwarten oder andere Wege gehen. Auch ist es keine Schande, Bewerbern ein Status-Update zukommen zu lassen. Daher gilt es, die Prozessschritte und Prozessdauer offen und transparent zu kommunizieren und bei mehrstufigen Prozessen das erfolgreiche Bestehen eines Auswahlschrittes gerne auch mit der Einladung zum nächsten zu verbinden, zum Beispiel so: „Herzlichen Glückwunsch! Nachdem Sie ein hervorragendes Testergebnis erreichen haben, wollen wir Sie wie in der Stellenbeschreibung angekündigt zum nächsten Auswahlschritt einladen."

Dos
- Ausreichend Informationen zur Verfügung stellen
- Fristen und Abläufe klar kommunizieren
- Status-Update geben und Bewerber bei Verzögerungen informieren

Don'ts
- Mit Informationen knausern
- Keine oder unklare Aussagen zum Prozessablauf

8.5.3 Nutzerfreundlichkeit

Bei onlinegestützten Auswahlverfahren ist die wahrgenommene Nutzerfreundlichkeit (Ease of Use) ein wichtiger Einflussfaktor auf die Bewerberwahrnehmung.

Obwohl jeder ein intuitives Verständnis von Nutzerfreundlichkeit (Usability) hat, gibt es hierfür eine formale Norm (EN ISO 241-11). Diese definiert die „Gebrauchstauglichkeit" einer Software anhand der drei Leitkriterien Effektivität, Effizienz und Zufriedenheit der Nutzer. Einfacher ausgedrückt: Wenn ein Masterabschluss in IT nötig ist, um sich in einer Anwendung zurechtzufinden, dann ist dies so ziemlich das Gegenteil von Nutzerfreundlichkeit. Zusammenhänge zwischen wahrgenommener Nutzerfreundlichkeit und Bewerbereigenschaften (z. B. Computer-Affinität) sind eher gering ausgeprägt.

Zur Erfassung der Nutzerfreundlichkeit von Benutzeroberflächen gibt es mehrere standardisierte Fragebögen (z. B. PWU-g Skala, AttrakDiff), die auch Benchmarks ermöglichen und auch für Auswahltools relevant sind.

Um nur solche Auswahltools einzusetzen, die über eine gute Usability verfügen, gibt es Testmöglichkeiten. Für die *viasto interview suite* wurde eine adaptierte Skala von Davis (1989), dem Pionier der Technologieakzeptanzforschung, verwendet. Im Ergebnis zeigte sich ein Wert von 4,2 aus 5 möglichen Punkten bei einer Stichprobe von $N = 106$. Um zu entscheiden, ob ein onlinebasiertes Verfahren eingesetzt wird, sollte die Nutzerfreundlichkeit aus Bewerberperspektive (aber auch Recruiter-seitig) ein wichtiger Faktor sein. Hierzu gehören Barrierefreiheit und die Kompatibilität mit unterschiedlichen Browsern, Endgeräten und Betriebssystemkombinationen. Stehen keine Zahlen zur Einschätzung bereit, kann zumindest intern ein „Pre-Test" gemacht werden. Wenn die Mehrheit der Personalabteilung grandios scheitert, werden es vermutlich auch Kandidaten kaum besser machen. Auch spielerische Elemente von Software wirken sich positiv auf die Nutzerwahrnehmung aus. Im hier verwendeten Rahmenmodell von Davis (1989) werden diese als Aspekt der Usability gesehen (Perceived Joyfulness). Den prinzipiellen Nutzen von Software, die Spaß macht, beschreibt im HR-Bereich auch der Recruitainment-Ansatz (Diercks und Kupka 2013).

Dos
- Eingesetzte Software auf Nutzerfreundlichkeit überprüfen
- Auch HR-Software darf Spaß machen

Don'ts
- Nutzerfreundlichkeit und Kompatibilität als gegeben betrachten

8.5.4 Wahrgenommener Nutzen – auch für Bewerber

Aus Bewerbersicht ist es nicht immer leicht zu verstehen, warum ein Auswahlprozess so und nicht anders gestaltet ist. Dies gilt umso mehr, wenn neue Technologien zum Einsatz kommen. Müssen Bewerber nicht mehr teure Bewerbungsmappen kaufen und diese alle paar Tage zur Post bringen, sondern können ihre Bewerbung direkt mit nur einem Klick über ein gespeichertes Profil absenden, so ist der Nutzen offensichtlich und könnte auf die Sekunde genau in Zeitgewinn und gespartes Geld heruntergerechnet werden – auch wenn dies den Papiereinzelhandel wenig freuen dürfte. Können sich Bewerber mittels Videotechnologie international und flexibel auf Stellen bewerben, anstatt lange und mühevolle Reisen auf sich zu nehmen oder Terminabsprachen für Telefoninterviews scheitern zu sehen, weil sich zeitnah durch Zeitverschiebung kein Termin finden lässt, ist der Nutzen auch erkennbar.

Werden dagegen Verfahren eingesetzt, die Bewerbern die Möglichkeit geben, Lücken im Lebenslauf zu kompensieren oder allen Bewerbern die gleichen Chancen zu geben, statt im ersten Auswahlschritt stärker zu selektieren, so sind dies Nutzenaspekte, die nicht auf den ersten Blick ersichtlich sind und daher kommuniziert werden müssen. Alle diese Faktoren haben einen Einfluss.

Als einzelner Faktor hat sich der wahrgenommene Nutzen bei zeitversetzten Video-Interviews als genauso wichtig erwiesen wie die Prozesskomponenten (Brenner et al. Under Review). Daher ist eine offene Kommunikation darüber, warum das Verfahren eingesetzt wird, außerordentlich wichtig.

8.5.5 Hängt letztlich doch alles am Ergebnis?

Zuletzt ließe sich auch einfach die Hypothese bilden, dass letztlich alles vom Ergebnis abhängt: Bekommt ein Kandidat den Job, wird er auch das Auswahlverfahren in guter Erinnerung behalten. Erhält ein Kandidat eine Absage, so wird er diese nicht auf seine Leistung im Auswahlprozess zurückführen, sondern den Auswahlprozess als solchen verantwortlich machen. Dieses Prinzip ist in der Psychologie auch als „selbstwertdienliche Attribution" bekannt (Leary 2007). Begründet liegt dies in der Tendenz, Ereignisse so zu interpretieren, dass Selbstvertrauen und Selbstwertgefühl geschützt werden. In Auswahlsituationen bedeutet dies, Erfolge (Einstellung, Weiterkommen in die nächste Runde) auf die eigenen Fähigkeiten zu beziehen, Misserfolge jedoch durch Faktoren zu erklären, die sich nicht beeinflussen lassen, wie zum Beispiel Pech, einen schlechten Tag oder eben ein suboptimales Auswahlverfahren.

Tatsächlich konnten auch verschiedene Studien einen direkten Zusammenhang zwischen dem Ausgang eines Auswahlverfahrens und Bewerberreaktionen zeigen (Hausknecht et al. 2004).

Genau an dieser Stelle kommen die zuvor angeführten Prozess- und Fairnessregeln ins Spiel, die zwischen dem Auswahlergebnis und den Reaktionen auf den Auswahlprozess

„vermitteln". Dies bedeutet, dass der Zusammenhang zwischen einem negativen Ergebnis und schlechter Bewerberwahrnehmung verschwindet, wenn alle Fairnessregeln eingehalten wurden, auch wenn es vereinzelt immer Personen geben wird, die sich ungerecht behandelt fühlen.

8.5.6 Exkurs: Hängt die Candidate Experience von der Persönlichkeit ab?

Eine weitere grundsätzliche und sehr berechtigte Frage in Bezug auf die Bewerberwahrnehmung von Auswahlprozessen ist, in welchen Teilen diese vom Auswahlprozess selbst und zu welchen Teilen von der Persönlichkeit des Bewerbers abhängt. Es ist eine Binsenweisheit, die jeder aus seinen Alltagsbeobachtungen kennt, dass sich Personen unterscheiden. Einige lassen sich leichter begeistern als andere, einige sind schüchterner, intelligenter oder offener für neue Erfahrungen als andere. Diese Unterschiede zu quantifizieren, ist der Gegenstand der Differentiellen Psychologie.

In Bezug auf Auswahlverfahren stellt sich die Frage, ob einige dieser Eigenschaften einen Einfluss auf Bewerberreaktionen haben, ganz unabhängig vom Auswahlverfahren oder speziell bezogen auf bestimmte Klassen von Auswahlverfahren. In Bezug auf zeitversetzte Video-Interviews kommen hier einige Eigenschaften infrage, die auch in einer Studie untersucht wurden (Brenner et al. Under Review).

Extravertierte Personen sehen sich gerne im Mittelpunkt und verfügen tendenziell über eine gesunde Portion Selbstbewusstsein. Dementsprechend – so die Theorie – bevorzugen extravertierte Personen eher solche Auswahlverfahren, die ihnen die Möglichkeit geben, extravertierte Verhalten zu zeigen, was bei Formaten wie Assessment-Centern mit Gruppendiskussionen und Rollenspielen, aber auch bei zeitversetzten Video-Interviews der Fall sein könnte. Allerdings konnte diese Theorie in Studien nicht bestätigt werden (Truxillo et al. 2006).

Neurotizismus bezeichnet eine Persönlichkeitsfacette, die die emotionale Stabilität einer Person beschreibt. Je weniger emotional stabil eine Person ist, desto mehr neigt sie zum Grübeln, zur Ängstlichkeit oder Nervosität. In Bezug auf Online-Verfahren liegt die Vermutung nahe, dass sich diese Persönlichkeitsdisposition negativ auf die Bewerberwahrnehmung auswirkt, da Personen Angst vor Datenmissbrauch oder ähnlichem haben könnten und sich in Auswahlsituationen unwohl fühlen. Dies konnte jedoch empirisch für zeitversetzte Video-Interviews nicht bestätigt werden (Brenner et al. Under Review). Andere Studien fanden bei der Untersuchung anderer Auswahlverfahren einen eher geringen Einfluss.

Gewissenhaftigkeit bezeichnet die allgemeine Tendenz, Aufgaben ordentlich zu erledigen oder Regeln genau zu nehmen. Gewissenhaftigkeit wird auch mit beruflicher Leistung in vielen Bereichen assoziiert, wenn auch nicht unbedingt in Kreativberufen. Tatsächlich ist dies auch die einzige Dimension, die wiederholt klare, wenn auch schwache Zusammenhänge mit positiveren Reaktionen auf Auswahlverfahren zeigte (Hausknecht et al. 2004). Als Grund für diesen Zusammenhang wird Folgendes vermutet: Personen, die gewissenhafter sind, erledigen Aufgaben mit größerer Sorgfalt, weil sie aus der Erledigung in gewissem Maße eine Genugtuung ziehen. Auch Auswahlprozeduren betrachten sie als eine Art Aufgabe und erledigen diese genauso beflissen. Daher verwundert es nicht, dass sich bei zeitversetzten Video-Interviews ein Zusammenhang zeigte ($r = 0{,}25$, $p < 0{,}05$).

Computer-Affinität ist wohl eine Eigenschaft, die bei Online-Verfahren sehr naheliegend mit Bewerberreaktionen zusammenhängt, wenn auch eher schwach ($r = 0{,}25$, $p < 0{,}05$). Interessanter hierbei ist, dass dieser Zusammenhang über die wahrgenommene Nutzerfreundlichkeit hergestellt wird. Dies bedeutet, dass es bei einer guten Usability keine Rolle mehr spielt, ob ein Bewerber computeraffin ist oder nicht.

Attributionsstil Wie bereits in der Diskussion um den Einfluss des Ergebnisses angeschnitten, können Auswahlergebnisse unterschiedlich interpretiert werden. Die Neigung zu einem bestimmten Deutungsschema wird Attributionsstil genannt, beispielsweise wenn Personen negative Ereignisse prinzipiell als Pech und nicht kontrollierbar abtun. So konnte auch empirisch gezeigt werden, dass Personen mit einem optimistischen Attributionsstil (Ergebnis auf externe Faktoren wie Pech schieben), Negativentscheidungen besser wegstecken, dafür aber der potenzielle Arbeitgeber Federn lassen muss, also abgewertet wird (Schinkel et al. 2011).

8.6 Schlussfolgerung

Wie Bewerber einen Auswahlprozess erleben, ist kein Zufallsprodukt, sondern beeinflussbar. In diesem Beitrag habe ich Wirkungsmechanismen am Beispiel zeitversetzter Video-Interviews durchdekliniert, die aber eine allgemeinere Gültigkeit für sich beanspruchen. Dies beinhaltet die Einhaltung von Fairnessregeln im Gesamtprozess, die Kommunikation mit den Kandidaten, die Auswahl der technischen Features.

Nehmen wir das Beispiel Stellenbezug und münzen es auf Online-Assessments um. Es geht um eine Position, bei der logisches Schlussfolgern und numerische Fähigkeitsdomänen sehr wichtig sind (z. B. Analysten). Als Recruiter haben Sie die Wahl zwischen zwei Testformaten: Der erste Test prüft numerische Fähigkeiten mit Aufgaben, bei denen Zahlenreihen ergänzt werden sollen. Der zweite Test enthält Testitems, die sich auf die korrekte Interpretation einer Bilanz beziehen. Auf eine bessere Bewerberakzeptanz wird sicher die zweite Variante stoßen.

Aber auch wenn alle Fairnessregeln eingehalten werden und die eingesetzte Technologie nutzerfreundlich und intuitiv ist, gibt es noch einige Faktoren, die sich kaum beeinflussen lassen. Hierzu gehört zum einem die individuelle Persönlichkeit der Bewerber. Damit geht einher, dass es immer individuelle Unterschiede im Erleben eines Auswahlprozesses geben wird. Ein weiterer externer Faktor ist die Attraktivität eines Arbeitgebers oder der Stelle an sich: Bei sehr attraktiven Arbeitgebern und Positionen ist die Erwartungshaltung schlicht eine andere. Bewerber gehen dann von vornherein davon aus, dass der Auswahlprozess sehr kompetitiv und herausfordernd sein wird.

Zuletzt hat sich auch gezeigt, dass eine subjektiv empfundene Norm ebenfalls Auswirkungen auf die Bewerberwahrnehmung hat. Als Indikator dieser Norm gilt beispielsweise die Verbreitung einer bestimmten Auswahlprozedur (Anderson et al. 2010). Dies heißt im Umkehrschluss, dass auch Innovationen eben ihre Zeit brauchen, um als normal erlebt zu werden. Daher ist auch hier letztlich wieder eine gute Kommunikation mit Fokus auf die Nutzenaspekte wichtig.

Literatur

Anderson, N., Salgado, J. F., & Hülsheger, U. R. (2010). Applicant reactions in selection: Comprehensive meta-analysis into reaction generalization versus situational specificity. *International Journal of Selection and Assessment, 18*(3), 291–304. doi:10.1111/j.1468-2389.2010.00512.x.

Becker, M. (2014). Zeitversetzte Videointerviews in der Personalauswahl: Fundierte Vorauswahl trifft auf innovatives Employer Branding. Die spannendsten Entwicklungen aus der HR-Szene und ihr Nutzen für Unternehmen. In N. Graf (Hrsg.), *Innovationen im Personalmanagement* (S. 141–155). Wiesbaden: Springer Fachmedien.

Berkowitz, L. (1989). Frustration-aggression hypothesis: Examination and reformulation. *Psychological Bulletin, 106*(1), 59–73. doi:10.1037/0033-2909.106.1.59.

Brenner, F. S., Ortner, T., & Fay, D. (Under Review). Asynchronous video interviewing as a new technology in personnel selection: The applicant's point of view.

Davis, F. D. (1989). Perceived usefulness, perceived ease of use, and user acceptance of information technology. *MIS Quarterly, 13*(3), 319–340.

Diercks, J., & Kupka, K. (Hrsg.). (2013). *Recruitainment: Spielerische Ansätze in Personalmarketing und -auswahl*. Wiesbaden: Springer Fachmedien.

Earnest, D. R., Allen, D. G., & Landis, R. S. (2011). Mechanisms linking realistic job previews with turnover: A meta-analytic path analysis. *Personnel Psychology, 64*(4), 865–897. doi:10.1111/j.1744-6570.2011.01230.x.

Gilliland, S. W. (1993). The perceived fairness of selection systems: An organizational justice perspective. *The Academy of Management Review, 18*(4), 694–734. doi:10.2307/258595.

Harvey-Cook, J. E., & Taffler, R. J. (2000). Biodata in professional entry-level selection: Statistical scoring of common format applications. *Journal of Occupational and Organizational Psychology, 73*(1), 103–118. doi:10.1348/096317900166903.

Hausknecht, J. P., Day, D. V., & Thomas, S. C. (2004). Applicant reactions to selection procedures: An updated model and meta-analysis. *Personnel Psychology, 57*(3), 639–683.

Kristof-Brown, A. L. (2000). Perceived applicant fit: Distinguishing between recruiters' perceptions of person–job and person–organization fit. *Personnel Psychology, 53*(3), 643–671. doi:10.1111/j.1744-6570.2000.tb00217.x.

Leary, M. R. (2007). Motivational and emotional aspects of the self. *Annual Review of Psychology, 58*(1), 317–344. doi:10.1146/annurev.psych.58.110405.085658.

Lindemann, S., & Brenner, F. S. (2013). White paper: Validität und Fairness der Personalauswahl mit zeitversetzten Videointerviews für das internationale Absolventenprogramm eines Telekommunikationskonzerns, viasto GmbH.

Murphy, K. R. (1987). ,When your top choice turns you down: Effect of rejected offers on the utility of selection tests': Correction to Murphy. *Psychological Bulletin, 102*(2), 271–271. doi:10.1037/h0090426.

Naß, C. (2014). Zeitversetzte Videointerviews in der Personalauswahl: Einflussfaktoren und Auswirkungen der Fairnesswahrnehmung aus Bewerbersicht. *Masterarbeit an der Universität Kassel*.

Schinkel, S., van Dierendonck, D., van Vianen, A., & Ryan, A. M. (2011). Applicant reactions to rejection: Feedback, fairness, and attributional style effects. *Journal of Personnel Psychology, 10*(4), 146–156. doi:10.1027/1866-5888/a000047.

Schuler, H., Hell, B., Trapmann, S., Schaar, H., & Boramir, I. (2007). Die Nutzung psychologischer Verfahren der externen Personalauswahl in deutschen Unternehmen. Ein Vergleich über 20 Jahre. [Use of personnel selection instruments in German organizations during the last 20 years]. *Zeitschrift für Personalpsychologie, 6*(2), 60–70. doi:10.1026/1617-6391.6.2.60.

Truxillo, D. M., Bauer, T. N., Campion, M. A., & Paronto, M. E. (2006). A field study of the role of big five personality in applicant perceptions of selection fairness, self, and the hiring organization. *International Journal of Selection and Assessment, 14*(3), 269–277. doi:10.1111/j.1468-2389.2006.00351.x.

Falko Brenner hat an der Universität Potsdam und der Duke University (USA) Psychologie mit Schwerpunkt Arbeits- und Organisationspsychologie studiert. Seit 2011 verantwortet er bei der viasto GmbH in Berlin den Bereich Research & Talent Analytics. Im Rahmen seiner Dissertation an der FU-Berlin erforscht er die Einflüsse digitaler Medien in Auswahlverfahren auf Objektivität, Reliabilität, Validität und Bewerberwahrnehmung.

Candidate Experience im E-Recruiting

Kann ein benutzerfreundlicher und effizienter
Bewerbungsprozess mit technischen Hilfsmitteln
erreicht werden?

Sandra Petschar und Jakub Zavrel

Manchmal ist weniger mehr

Inhaltsverzeichnis

9.1   Recruiting als E-Commerce-Prozess   92
9.2   Candidate-Experience-Studien in Deutschland und Österreich   94
9.3   Die erste Hürde des Kandidaten – Online-Formulare –
      und wie man sie vermeiden kann   97
9.4   Die Lebenslaufanalyse und wie Sprachtechnologie hilft,
      Recruiting-Prozesse zu verbessern   100
9.5   The Future is now – Social Match   102
9.6   Was man vom E-Commerce-Prozess sonst noch lernen kann   104
9.7   Wie geht die Baloise Group mit Candidate Experience um?   105
Literatur   106

Zusammenfassung

In einem Markt, der von Bewerbern bestimmt wird und durch einen Ringen um die besten Talente gekennzeichnet ist, lässt es sich nicht vermeiden, auch sämtliche Prozesse benutzerfreundlich zu gestalten. Umständliche und langwierige Bewerbungsprozesse dürfen keine Hürde darstellen. Trotzdem hinken Unternehmen, wenn es um innovative Technologien geht, stark hinterher. Einige Innovationen und Lösungen sind noch unbekannt, andere technische Werkzeuge, werden sehr zaghaft integriert.

S. Petschar (✉) · J. Zavrel
Textkernel B.V. Nieuwendammerkade 28A17, 1022 Amsterdam, Niederlande
E-Mail: info@textkernel.de

© Springer Fachmedien Wiesbaden 2016
T. Verhoeven (Hrsg.), *Candidate Experience,* DOI 10.1007/978-3-658-08896-5_9

Jeder Kandidat hat zahlreiche Touchpoints mit dem Unternehmen seiner Wahl. Wenn es um die ersten Berührungspunkte geht – sprich die Karriereseite, Stellenangebote und schließlich das Einreichen der Bewerbung – kann Technologie helfen, bestehende Prozesse zu verbessern. Studien zum Thema bestätigen, dass vor allem Bewerber aus jüngeren Generationen nicht mehr bereit sind, 45 min zu investieren, vielmehr möchten Sie sich mit wenigen Klicks unterwegs bewerben ohne über Hürden, bestehend aus Logins, nicht-responsiven Karriereseiten und langen Formularen, springen zu müssen. In diesem Kapitel möchten wir aktuelle Studien vorstellen, aufzeigen was Recruiting-Prozess und E-Commerce-Prozess gemeinsam haben und welche Technologien in den kommenden Jahren viele administrativen Arbeitsschritte übernehmen werden können.

9.1 Recruiting als E-Commerce-Prozess

Recruiter, die denken, dass Kandidaten Unternehmen mehr benötigen als andersherum, ignorieren sowohl die Realität als auch die Tatsache, dass wir in einem von Kunden ge-triebenen Markt leben. Um einen Job gut zu verkaufen, benötigt man mehr als eine Bullet-Point-Liste mit Mindestanforderungen, eine mehr schlecht als recht entwickelte Karriere-seite mitsamt unwirklichen Stockfotos, die die Tatsache nicht verbergen, dass man selbst, was Technologie betrifft, stark zurückliegt und nun den Preis der Selbstüberschätzung zahlen muss (vgl. Charney 2014).

In den letzten fünf Jahren hat sich das Kaufverhalten von Konsumenten stark verändert. Der Marktanteil von Kunden, die ihre Produkte online kaufen, steigt jedes Jahr weiter an. Der Weg in ein Geschäft bleibt uns somit teilweise ganz erspart, und dass die Produkte vorab nur auf Bildern gesehen werden, stört auch fast niemanden mehr. In ähnlicher Art und Weise hat sich auch das Recruiting verändert. Vor nicht allzu langer Zeit war es noch ganz normal, eine Bewerbung zu verfassen, diese feinsäuberlich in eine Bewerbungsmap-pe zu packen und per Post an den zukünftigen Arbeitgeber zu senden. Damit war der Pro-zess für den Kandidaten in zwei Schritten erledigt. Heutzutage muss der Bewerber einige Hürden in Form von Logins, Online-Formularen und Datenschutzerklärungen überspringen. Die Erstellung eines Lebenslaufs (CV) und Motivationsschreibens sind noch lange nicht alles, um den Prozess erfolgreich abzuschließen.

Die Ähnlichkeiten von E-Commerce-Prozess und Recruiting-Prozess lassen sich daher anhand von Abb. 9.1 anschaulich darstellen:

Wie abgebildet, ist ersichtlich, dass sich die Anzahl der schlussendlich eingehenden Bestellungen beziehungsweise Bewerbungen drastisch verkleinert im Vergleich zu den anfangs dargestellten Besuchern des Webshops und der Karriereseite. Ziel sollte es jedoch sein, möglichst viele Besucher der Karrierewebsite auch in Kandidaten zu transformieren. Jeder zusätzliche Schritt oder jede Hürde belastet diesen Prozess und sorgt dafür, dass Kandidaten das Verfahren abbrechen.

Vergleich E-Commerce und Recruiting-Prozess

Abb. 9.1 Vergleich E-Commerce- und Recruiting-Prozess. (Quelle: E-Commerce Funnel basierend auf Bachmann 2014)

Anbieter von Webshops prüfen Gebrauchstauglichkeit, Augenbewegungen auf dem Bildschirm, Schrift- und Bilderkennung sowie die Verweildauer auf den einzelnen Seiten präzise (vgl. Schenk 2002). Dies soll zu Verbesserungen führen und mehr Besucher zum Abschluss einer Bestellung bringen. Während diese Tests im Verkaufsbereich bereits gang und gäbe sind und kein Betreiber eines Webshops ohne diese auskommen würde, hinkt die Recruiting-Welt hinterher. Nur wenige wissen, wie viele Besucher der Karriereseite den Prozess abbrechen und sich schlussendlich nicht bewerben. Niemand kann sagen, ob es sich hierbei um wenig qualifizierte Kandidaten handelt, die keine Motivation hatten, oder um hochqualifizierte Kandidaten, denen die Zeit fehlt, lange Formulare auszufüllen und komplizierte Stellenbeschreibungen zu lesen.

Anhand dieses Vergleichs zeigt sich, dass vor allem der erste Teil einer gelungenen Candidate Experience – nämlich ein einfacher und effizienter Bewerbungsprozess – eine Überschneidung mit dem E-Commerce darstellt. Man könnte sich also durchaus ein Vorbild am E-Commerce-Prozess nehmen und beginnen, mit gängigen Analysetools (wie Google Analytics) zu messen, wann Besucher der Karriereseite den Prozess abbrechen. Mit dieser Erkenntnis erfährt man schnell, welcher Schritt zu viel ist und wo Verbesserungen notwendig werden. Schließlich wird man auch niemals im Geschäft gefragt, ob man ein Formular ausfüllen kann, bevor die Kreditkarte hinübergereicht wird.

9.2 Candidate-Experience-Studien in Deutschland und Österreich

Während sich viele Studien, unter anderem auch erstmals in Deutschland von meta HR (vgl. Athanas und Wald 2014 & Vgl. Kap. 3) durchgeführt, auf die Kandidatenseite konzentrieren, haben wir beschlossen, Unternehmen zu befragen. Im September 2014 haben wir eine Stichprobe aus 47 Unternehmen (davon 19 der DAX30) in Deutschland und im Januar 2015 eine Stichprobe von 36 Unternehmen in Österreich zu ihrer Meinung rund um das Thema Candidate Experience befragt.

Unsere Stichprobe bezog sich vor allem auf die DAX-30- und andere Unternehmen mit mehr als 10.000 Mitarbeitern (siehe Abb. 9.2).

Eine positive Candidate Experience spielt für 77 % der befragten Unternehmen in Deutschland und für 83 % in Österreich eine große Rolle. Vor dem Hintergrund des sich stetig verschärfenden Kampfes um die besten Kandidaten (oder „War for Talents") sind sich die Unternehmen der Wichtigkeit bewusst und so steht bei mehr als 85 % der Unternehmen in beiden Ländern eine Verbesserung der Prozesse auf der Agenda. Des Weiteren stimmen die Unternehmensvertreter zu, dass eine positive Candidate Experience auch die Arbeitgebermarke positiv beeinflusst und schlussendlich für mehr Kandidaten und auch für höher qualifizierte Kandidaten sorgt (siehe Abb. 9.3). Welche verheerenden und weitreichenden Folgen eine negative Candidate Experience hat, zeigt sich auch, wenn man bedenkt, dass Bewerber ihre Erfahrung weitergeben und in Zeiten von sozialen Netzwerken hat dies natürlich weitreichende Folgen.

Obwohl Befragungen der Kandidatenseite durchaus kontroverse Meinungen wiedergeben, schätzen Unternehmen den eigenen Prozess durchaus positiv ein. In beiden Ländern sind sich die Vertreter einig und 60 % geben sich sehr gute beziehungsweise gute Schulnoten.

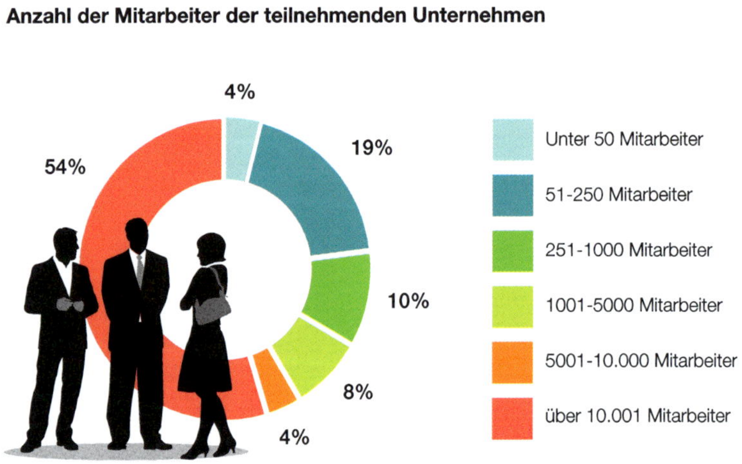

Anzahl der Mitarbeiter der teilnehmenden Unternehmen

Abb. 9.2 Anzahl Mitarbeiter der teilnehmenden Unternehmen

Eine positive Candidate Experience wirkt sich auch positiv auf das Arbeitgeberimage aus

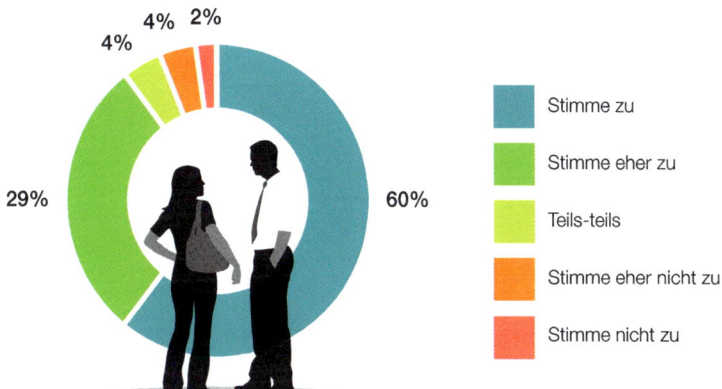

Abb. 9.3 Auswirkung von Candidate Experience auf Arbeitgeberimage

Um auf den im vorigen Artikel besprochenen Vergleich zum E-Commerce-Prozess zurückzukommen, wurden die Unternehmen befragt, inwiefern Sie technische Möglichkeiten nutzen, um den Prozess bewerberfreundlicher zu gestalten. 71 % in Deutschland und 77 % in Österreich bieten ein Online-Formular an, welches laut den Unternehmen bei nicht einmal einem Prozent über 30 min in Anspruch nimmt. Wirft man einen Blick auf die Candidate-Experience-Studie von meta HR sieht man, dass Kandidaten durchaus länger dafür benötigen: 29,4 % geben an, dass das Ausfüllen eines solchen Formular mehr als 30 min in Anspruch nimmt und jeder Zehnte bricht den Prozess ab, sobald ein Formular auftaucht (siehe Abb. 9.4).

Wie viel Kandidaten brechen den Prozess ab?

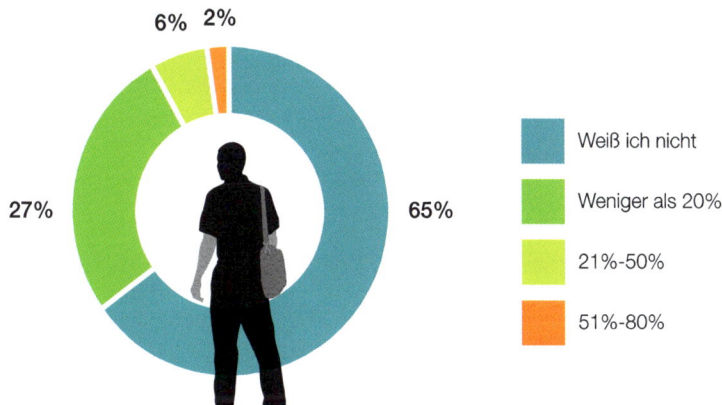

Abb. 9.4 Abbrecher im Prozess

Unternehmen, die eine mobile One-Klick-Bewerbung ermöglichen

Abb. 9.5 One-Klick-Bewerbung

Eine sogenannte One-Klick-Bewerbung, die es erlaubt, sich mit seinem Lebenslauf oder Social-Media-Profil zu bewerben und nicht nur viel Zeit spart, sondern auch effizientere Recruiting-Prozesse ermöglicht, bieten aber nur 23 % der Unternehmen in Deutschland und 31 % in Österreich an (siehe Abb. 9.5).

▶ Definition der One-Klick-Bewerbung: Die Bewerbung kann mit dem eigenen Lebenslauf oder Profil auf sozialen Netzwerken in bis zu drei Schritten (auch von unterwegs) abgeschlossen werden.

Und obwohl in Deutschland bereits über 50 % der Bewerber mobil – sprich mit Smartphone oder Tablet – nach ihrem nächsten Job suchen, sind weniger als 35 % der Unternehmen darauf eingestellt und bieten keinerlei Möglichkeit, sich von unterwegs aus zu bewerben. Hierbei sollte natürlich auch erwähnt werden, dass es sich bei der Möglichkeit, sich direkt per E-Mail zu bewerben, auch um eine One-Klick-Bewerbung handelt. Schließlich wird diese nicht grundlos von Kandidaten zurückgefordert.

Auch eine Abbrecherquote, also die Menge an Besuchern, die den Online-Shop besucht, jedoch ohne Kauf wieder verlässt, wird im E-Commerce-Bereich jederzeit gemessen und ist ein Merkmal, über das sich große Shops bewusst sind. Hierbei wird auch ein Unterschied gemacht zwischen Besuchern, die zu Beginn die Website verlassen, und Kunden, die bereits Produkte in den Warenkorb gelegt haben, jedoch die Bestellung nicht abschließen. Im Recruiting-Bereich geben 62 % in Deutschland und 42 % in Österreich an, dass sie nicht wissen, wie viele Bewerbungen aufgrund umständlicher oder langwieriger Formulare abgebrochen werden. Fatal, dienten die notwendigen Erkenntnisse doch dazu, Bewerbungsprozesse zu optimieren und qualifizierte Bewerber zu halten und die Zahl der Bewerbungen gegebenenfalls zu erhöhen.

Ein Grund, warum es in Deutschland noch nicht gang und gäbe ist, Trackingsysteme wie Google Analytics zu nutzen, um die Abbrecherquote zu messen, liegt sicher an datenschutzrechtlichen Bestimmungen beziehungsweise Bestimmungen des Betriebsrates. In einem sehr aktuellen Blog von Wollmilchsau wird jedoch präzise darauf eingegangen, wie Google Analytics auch datenschutzkonform genutzt werden kann (vgl. Gernhardt 2015).

Natürlich sind es nicht nur langwierige Prozesse, die den Bewerbern auf den Magen schlagen. Was durchaus häufiger kritisiert wird, ist eine fehlende Rückmeldung. Bei 48 % der Unternehmen in Deutschland und 72 % in Österreich dauert es drei bis sechs Monate, bis eine Stelle besetzt wird und somit vermutlich auch letzte Absagen verschickt werden. Zeit, die keinem Bewerber zuzumuten ist und in vielen Fällen dazu führt, dass Bewerbungen zurückgezogen werden. Schließlich ist Geschwindigkeit die wichtigste Waffe im „War for Talents". Kandidaten haben gemäß der Candidate-Experience-Studie von meta HR genau die Unternehmen als positiv bewertet, die mit Schnelligkeit gepunktet haben.

Zum Thema Absage gibt es noch weitere Erkenntnisse, die aus unsere Studie hervor ehen: In den meisten Fällen erhalten Bewerber eine Absage per E-Mail (81 %), diese oft unpersönlich per Auto-Respond (23 %) oder als Standardschreiben (13 %). Erstaunlicherweise ist dies in Österreich anders: 27 % sagen ihren Bewerbern persönlich per Telefon ab. Ein absolutes No-Go in diesem Prozess stellt eine Ansage direkt nach Eingang der Bewerbung dar, die in vielen Systemen automatisch bei einem Missmatch verschickt wird. Niemand möchte das Gefühl bekommen, dass eine Maschine die Bewerbung selektiert und kein Recruiter jemals ein Auge darauf wirft.

Nur wenige holen sich jedoch Feedback von Kandidaten ein. Nur 18 % der Unternehmen erhalten per E-Mail, per Formular oder persönlich Feedback der Bewerber. 81 % hingegen versäumen jegliche Chance, Informationen zur Qualität des Bewerbungsprozesses abzufragen.

Zusammenfassend kamen wir zu der Erkenntnis, dass Arbeitgeber die Wichtigkeit einer positiven Bewerbererfahrung und die Auswirkungen auf die Arbeitgebermarke erkannt haben, schaut man sich die Bewerbungsprozesse und die Bewerberkommunikation aber im Detail an, so klafft zwischen Wunsch und Wirklichkeit eine große Lücke. Doch wie man dies im E-Recruiting verbessern kann und welche Möglichkeiten es gibt, wissen viele gar nicht.

9.3 Die erste Hürde des Kandidaten – Online-Formulare – und wie man sie vermeiden kann

Immer wieder wird betont, wie wichtig es sei, die Hemmschwelle des tatsächlichen Aktes des Einreichens der Bewerbung möglichst gering zu halten. Das Ziel ist es, möglichst alle qualifizierten Besucher der Karriereseite in eingehende Bewerbungen zu transformieren. Die genauere Selektion sollte anschließend dem Recruiter überlassen sein und kann mit gängigen modernen und benutzerfreundlichen Filter-, Such- und Matching-Methoden ebenfalls vereinfacht werden.

Abb. 9.6 Formulare

Es gibt unterschiedliche Möglichkeiten, diesen Schritt einfach zu halten. In der Zeit vor Online-Bewerbungen war dieser Schritt sehr einfach: Kandidaten konnten einen Lebenslauf mitsamt Motivationsschreiben erstellen und das Gesamtpaket einfach in den Postkasten werfen. Der Prozess war damit für den Kandidaten abgeschlossen (Abb. 9.6).

Heutzutage muss sich der Kandidat zumeist auf weitere Schritte einstellen, die zum Beispiel das Ausfüllen eines Formulars beinhalten. Laut zahlreichen Studien im Bereich von Candidate Experience schreckt dies besonders hochqualifizierte Bewerber und Kandidaten, die bereits im Berufsleben stecken, ab. Eine einfache Möglichkeit, dies zu verhindern, ist es, E-Mail-Bewerbungen zuzulassen. Dies funktioniert wie in der Vergangenheit mit dem Postkasten. 70,3 % der Candidate-Experience-Studie von meta HR wünschen sich diese Möglichkeit (zurück). Dies jedoch ist speziell für große Unternehmen mit einer Vielzahl an täglich eingehenden Bewerbungen ein Schritt der Unmöglichkeit. Ohne ein strukturiertes Formular sind eine Erstselektion und eine Übertragung in das jeweilige Softwaresystem unmöglich. Wenn man sich vorstellt, dass Google zum Beispiel wöchentlich 75.000 Bewerbungen bekommt, kann man verstehen, dass eine manuelle Eingabe dieser Datenmenge ein Ding der Unmöglichkeit ist.

Im Bereich der Sprachtechnologie und maschinellem Lernen wurden Systeme entwickelt, die sich auf Lösungen dieses Problem fokussieren. Sogenannte CV- oder Lebenslauf-Parser wurden programmiert und sind imstande, Informationen aus unstrukturierten Dokumenten herauszulesen und zu verarbeiten. Indem Lebensläufe analysiert und in eine strukturierte Form gebracht werden und dies automatisch bei eingehenden E-Mails passiert, können trotzdem strukturierte Profile an das jeweilige System geliefert werden. Die Möglichkeit, alle eingehenden E-Mails eines Postfaches zu analysieren, Bewerbungen daraus zu filtern und die Daten in die korrekten Felder des Bewerbungsmanagement-Systems zu übertragen, ist dabei das Ziel.

CV-Parser analysieren den unstrukturierten Lebenslauf und lesen diesen, wie ein Mensch dies auch tun würde, und extrahieren alle relevanten Informationen. Dabei gestaltet sich dieses Verfahren bei übersichtlichen Dokumenten natürlich bei Mensch und Maschine einfacher. Hat ein Mensch bei gewissen Lebensläufen schon Probleme, diese mit den ersten Blicken zu erfassen, wird es für einen Computer umso schwieriger.

Abb. 9.7 Apply-with-Widget

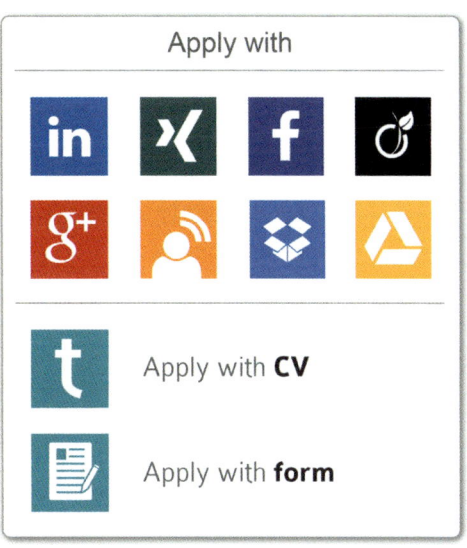

Natürlich ist CV-Parsing keine fehlerlose Technologie und es wird vorkommen, dass nicht alle Felder korrekt ausgefüllt sind oder ein Motivationsschreiben fälschlicherweise als Lebenslauf erkannt wird. Was man jedoch bedenken muss, ist die Zeitersparnis. Auch wenn die Felder im Nachgang korrigiert werden müssen, sorgt dies für weitaus weniger Aufwand als ein vollständig manueller Prozess. Vor allem bietet es die einzige Möglichkeit, eine einfache Bewerbung ohne Formular zuzulassen und trotzdem strukturierte Daten zu erhalten.

Eine zweite Möglichkeit, dies zu lösen, sind sogenannte Apply-with-Widgets (siehe Abb. 9.7). Diese können direkt auf der Karriereseite des jeweiligen Unternehmens integriert werden und bieten Kandidaten die Möglichkeit, sich mit einem Klick (Ein-Klick-Bewerbung) zu bewerben. Lange Formulare schrecken vor allem hochqualifizierte Kandidaten ab und Kandidaten, die bereits im Berufsleben stecken und nicht 40 min mit einem Formular verbringen möchten. Diese Kandidaten bewerben sich auch gerne von unterwegs. Ein einfacher Button, der es möglich macht, seinen CV direkt hochzuladen, lädt Kandidaten ein, sich schnell und auch von unterwegs zu bewerben.

Im Vordergrund sorgt das Widget dafür, dass sich Kandidaten einfach bewerben können. Sie können sowohl ihren Lebenslauf von lokalen Ordnern als auch via Cloud Services (Dropbox oder Google Drive) hochladen oder sich mit dem Profil von sozialen Netzwerken (wie XING, LinkedIn oder Viadeo) bewerben.

Im Hintergrund des Widgets arbeitet ebenfalls die CV-Parsing-Software, die Daten aus jeglichen Lebensläufen analysiert. Diese Daten werden somit automatisch strukturiert und in der Datenbank gespeichert. Dieser einfache Bewerbungsprozess vergrößert Talentpools und bietet gut durchsuchbare Informationen in der eigenen Datenbank.

Beide Möglichkeiten verringern die Hemmschwelle und führen zu mehr Bewerbungen im System. Einigen Unternehmen fehlt es jedoch nicht an Quantität, sondern vor allem

Qualität. Laut Umfragen sind es jedoch oft höher Qualifizierte und Berufstätige, die Bewerbungs-Buttons mobil benutzen würden, weshalb nicht nur die Quantität sondern auch die Qualität steigen kann. Eine Software, die anschließend nur relevante Bewerber anzeigt, die auch zu der jeweiligen Stellenbeschreibung passen, ist ein weiterer Schritt, der das Leben des Recruiters vereinfachen kann und auch bei großen Mengen an eingehenden Bewerbungen Mehraufwand verhindern kann. Doch darauf gehen wir an späterer Stelle ein, zunächst wird nun in Kap. 9.4 der Hintergrund von CV-Parsing näher erläutert.

9.4 Die Lebenslaufanalyse und wie Sprachtechnologie hilft, Recruiting-Prozesse zu verbessern

Die Schlüsselkomponente hinter den Apply-with-Widgets ist das sogenannte CV-Parsing beziehungsweise die Syntaxanalyse. Im Allgemeinen wird diese Technologie dazu verwendet, einen Text in eine neue Struktur zu übersetzen. Im ersten Schritt wird ein Text mit einem lexikalischen Scanner in einzelne Wörter (Token) zerlegt und anschließend zum Beispiel mit einem Strukturbaum in einer Hierarchie zusammengefasst.

Der Hintergrund von CV-Parsing liegt in der Sprachtechnologie und im Dokumentverständnis, auch bekannt als Informationsextraktion oder Dokument-Parsing. Im Grunde ist dies die Fähigkeit, verschiedenen Formaten unstrukturierter Dokumente einen Sinn zu verleihen. Fortschrittliche statistische und regelbasierte natürliche Sprachverarbeitungstechniken müssen kombiniert werden, um die besten Ergebnisse zu erzielen. Dies erlaubt es dem Computer, Muster zu erkennen und Konzepte in Beziehungen zu bringen, um Felder in einer strukturierten Präsentation darzustellen.

Es gibt weltweit eine Handvoll Anbieter, die solche Technologien entwickeln und in verschiedenen Sprachen anbieten. Textkernel benutzt eine Kombination aus verschiedenen – der neusten Techniken entsprechenden – Komponenten des maschinellen Lernens. Der Grund, warum maschinelles Lernen so erfolgreich ist, liegt darin, dass eine große Menge an Beispieldaten genug Informationen enthält, um auch häufig vorkommende Muster in unbekannten Dokumenten zu erkennen. Ungeachtet der Variationen an Schreibweisen und Layouts in Dokumenten tendieren Muster dazu, ähnlich zu sein. Somit kann ein System in einer Art und Weise Begriffe generalisieren, die die maximalen Chancen auf Erfolg in jeglichem neuen Dokument zulässt. Zum Beispiel lernt der Computer Adressen aus Deutschland kennen, er merkt sich, dass diese üblicherweise eine bestimmte Struktur haben und dass zumeist eine Postleitzahl mit Stadt in der Nähe steht. Wenn nun ein neues Dokument mit einer völlig neuen Adresse analysiert wird, weiß der Computer trotzdem, dass dies eine Adresse ist, und ordnet diese korrekt zu. Dasselbe gilt natürlich für Ausbildungen und Arbeitserfahrungen, jedoch wird es hier durchaus komplizierter (siehe Abb. 9.8).

Unsere Herangehensweise ist es, viele kleine Entscheidungen in Bezug auf Wörter und ihre Beziehung zueinander zu treffen. Diese kleinen Klassifikationen können verschiedene Typen von Eigenschaften berücksichtigen, zum Beispiel Wörter, Sätze, Kontext, Layout, Kenntnisse über den Bereich oder Kontinuität im gesamten Dokument. Wenn

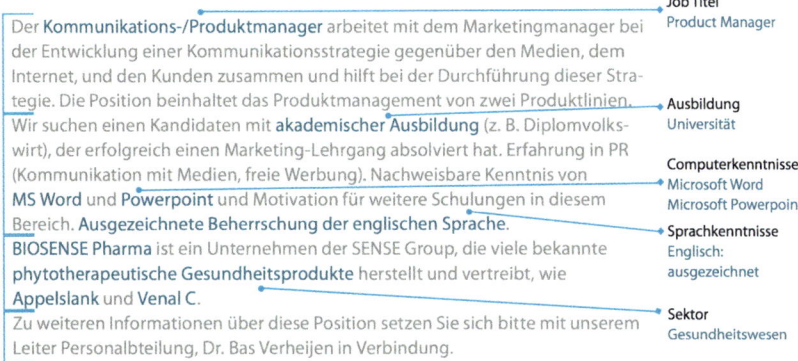

Abb. 9.8 CV-Parsing

ähnliche Muster oder Eigenschaften, wie aus dem Beispieldatensatz, erkannt werden, kann die Software Interpretationen im neuen Dokument vornehmen. Da dieser Prozess versucht, ein menschliches Verständnis widerzuspiegeln, nennen wir diesen Prozess Dokumentverständnis, um eine Abgrenzung zur Zeichenerkennung beziehungsweise zur Erkennung von fixen Formaten bei der Datenextraktion zu schaffen.

CV-Parsing ist also nicht gleich CV-Parsing und wir sind uns bewusst, dass dieses durchaus technische Thema einer weiteren Erklärung bedarf, die jedoch nicht unbedingt zum Thema Candidate Experience passen und daher nicht ferner erläutert werden sollte.

Es ist vor allem wichtig, zu verstehen, dass ein Computer gewisse administrative Schritte abnehmen und dafür sorgen kann, dass Formulare korrekt hinterlegt werden können. Die Schwierigkeit besteht darin, sich an verschiedene Datenmodelle der unterschiedlichen Unternehmen anzupassen. So gibt es Unternehmen, die Ausbildungen anders abgrenzen oder Unternehmen, die Praktika nicht als Berufserfahrung zählen möchten, und Unternehmen, die sehr spezialisierte Kompetenzen verlangen, die in CVs gefunden und analysiert werden müssen.

Hierbei kommen Taxonomien und Ontologien ins Spiel. Nach der Analyse des Lebenslaufes wird der Inhalt des Dokumentes mit vorabdefinierten Konzepten verglichen. In diesem Prozess werden sogenannte Metadaten – also zusätzliche Informationen – zum Profil hinzugeführt. Dieser Prozess nennt sich Normalisierung oder Kategorisierung und trifft unter anderem auf Berufsbezeichnungen, Standorte, Branchen und Ausbildungen zu, die alle mit einer Tabelle verglichen werden. Die Informationen, die benötigt werden, um diesen Schritt auszuführen, werden in Ontologien gespeichert, die eine Reihe an Informationen zu einer bestimmten Branche oder einem Land enthalten, mit zahlreichen Synonymen in verschiedenen Sprachen.

Um dies zu vereinfachen, ein einfaches Beispiel: Jede Berufsbezeichnung in einem Lebenslauf wird bei einer Analyse mit einer Tabelle verglichen. Diese Tabelle kann vom Hersteller selbst sein, aber auch von ISCO oder sogar vom Kunden selbst. In Deutschland bieten wir 24 Berufsklassen, 291 Berufsklassen, 4560 Berufscodes mit wiederum 9089 Synonymen an. Ein Kandidat bezeichnet sich also als Junior Sales Manager und eine

Zuordnung zu der richtigen Abteilung würde nun sinnvoll sein, beziehungsweise sollten alle Bewerbungen aus dem Bereich Sales zuordenbar sein, egal ob sich ein Kandidat als „Sales Manager", „Sales Representative" oder „Account Manager" bezeichnet. Genau das macht eine Normalisierung bei Berufen.

Bei Kompetenzen wird es in Zukunft auch wichtig sein, diese direkt zu analysieren und neu vorkommende „Skills" am Arbeitsmarkt zu entdecken. Dafür ist ein sogenanntes Mining von Kompetenzen notwendig, welches dabei hilft, Kandidaten mit den gewünschten Kompetenzen zu relevanten Jobs zuzuordnen, auch wenn diese nicht spezifisch als Fähigkeiten genannt wurden. Zum Beispiel kann man durchaus vermuten, dass ein Sales Manager Kompetenzen im Bereich Verkauf oder Verhandlungsgeschick mitbringt, oder dass ein Entwickler mit einer gewissen Anzahl an Jahren auch mit einer bestimmten Programmiersprache umgehen kann. Dieser Prozess kann von Unternehmen im Bereich der Sprachtechnologie gefördert werden.

Die Idee einer (mobilen) One-Klick-Bewerbung und CV-Parsing sind jedoch weder neu noch sehr innovativ. Große Arbeitgeber, die dies noch nicht in einer Art und Weise realisiert haben, gehören definitiv zur Minderheit. Auf wirklich innovative und neuartige Ideen möchten wir in Abschn. 9.5 eingehen.

9.5   The Future is now – Social Match

Innovative und neuartige Technologien, die die Kandidatenerfahrung schon jetzt beeinflussen können, jedoch nur selten und wenn von amerikanischen Unternehmen angewendet werden, bewegen sich im Bereich des Social Matchings.

Indem Besucher einer Karriereseite gefragt werden, sich mit dem Profil von sozialen Netzwerken und dem Lebenslauf zu registrieren, könnten jeweils nur relevante Jobs präsentiert werden. Als Vorlage der Empfehlungen bei Amazon könnten Kandidaten sehen, welche Jobs eventuell auch interessant sein können und welche Jobs sich andere Nutzer mit denselben Qualifikationen ebenfalls angesehen haben. Das gewöhnte Online-Shopping-Erlebnis würde somit dafür sorgen, dass Kandidaten einfach relevante Jobs sehen, ohne sich mit komplizierten Jobtiteln des Unternehmens auseinanderzusetzen. Vielen HR-Abteilungen werden komplizierte Jobtitel vorgelegt, mit denen Kandidaten oft wenig anfangen können. Dieses Problem wäre mit einem Empfehlungssystem gelöst.

Sind im Moment keine passenden Jobs vorhanden, würde es durchaus Sinn machen, den Kandidaten darauf hinzuweisen. Viel weiter als ein automatischer E-Mail-Alert würde ein Hinweis gehen, der ermittelt, wann die letzte freie Position in diesem Bereich ausgeschrieben wurde und eventuell auch wann die nächste freie Stelle erwartet wird. Somit weiß der Kandidat Bescheid, wann er die Website erneut besuchen sollte. Natürlich bekommt er als Erinnerung auch eine Nachricht.

Diese Art von Empfehlungssystem kann darüber hinaus für den Aufbau einer eigenen internen Community beziehungsweise eines echt funktionierenden Talentpools sorgen. Nach einiger Zeit werden viele Profile im Pool sein, die mit regelmäßigen Nachrichten und Hinweisen „bespaßt" werden können. Mit einem eingebauten Weiterempfehlungssystem, würde das Konzept auch auf das Active-Sourcing-Problem ausgelegt werden. Anstatt einer reinen Kaltakquise könnten Bekannte von Interessenten einfacher vom Unternehmen überzeugt werden. Der Vorteil, dass bei einer neuen vakanten Position bereits passende Kandidaten im eignen Pool sind, ist natürlich bei Beachtung von Einstellungskosten ein sehr großer. Kosten, die für Anzeigen ausgegeben werden, wären damit irrelevant und die „Time to Hire" könnte sich drastisch verringern.

Grundsätzlich kann also der erste Teil einer positiven Candidate Experience mit einer One-Klick-Bewerbung beziehungsweise mithilfe des Social Matchings gut gesteuert werden und den Prozess verbessern. Was Kandidaten jedoch laut Candidate-Experience-Studien mehr Kopfschmerzen bereitet, sind fehlende Rückmeldungen und das oft erwähnte „schwarze Loch". Bewerber benötigen oft Stunden, um eine Bewerbung zu verfassen und diese anschließend mühevoll mit Copy & Paste in das Formular einzutragen. Verständlicherweise sind diese genervt, wenn sich anschließend niemand mehr meldet und sogar eine persönliche Absage zu viel Mühe darstellt. Oftmals erreicht eine Standard-Absage ohne Absender den Bewerber, der somit nicht einmal Nachfragen anstellen kann.

Um wieder auf den E-Commerce zurückzukommen, ist es dort gang und gäbe, auch online auf der Website zum Beispiel ein kleines Chatfenster zu haben und Interessenten direkt und live Fragen zu beantworten. Dies passiert natürlich auch abends und außerhalb der Geschäftszeiten. Es wäre schließlich nicht sehr fordernd, wenn Kunden die Produkte nur zwischen 9 und 17 Uhr kaufen könnten.

Auch im Recruiting würde so ein Live-Chat-Fenster viele Probleme lösen. Man stelle sich vor, dass Bewerber sich mit einem Klick auf der Karrierewebsite registrieren können, anschließend automatisch nur relevante Jobs sehen und live mit dem zuständigen Ansprechpartner sprechen könnten. Kein Besucher der Website müsste hunderte Angebote mitsamt Standortsuche durchforsten, sondern könnte auf einen Blick sehen, ob und welche passenden Jobs der Arbeitgeber anbietet. Da eine Stellenanzeige nicht alle Details aufzeigt, könnten die Nachfragen zeitnah passieren und wenn der Recruiter einen hochqualifizierten Kandidaten erreicht, könnte der Job natürlich auch effizient verkauft werden.

Kandidaten könnten natürlich auch live und zeitnah vorgefiltert werden, alternative Positionen können vorgeschlagen werden und Jobs, die bereits besetzt sind oder nicht zum Profil des Kandidaten passen, könnten zeitnah zurückgemeldet werden, bevor der Bewerber mühevoll seine Bewerbung mitsamt Anschreiben umsonst erstellt hat. Frust wäre damit (fast) aus der Welt geschafft.

Da es jedoch zu viele Ressourcen, Geld und Zeit benötigt, um ein solches System zu erstellen, ist diese Idealvorstellung schwer realisierbar. Es existieren bereits Unternehmen, die diese Chat-Funktion realisiert haben (z. B. Telekom), jedoch können die Mitarbeiter nicht laufend bereitstehen und auch nur Standardfragen beantworten. Ein Computer könnte jedoch eine Vorselektion starten und auf gewisse Punkte, wie Lücken im Lebenslauf, eingehen, Empathie, Kreativität und die Beantwortung von spezifischen Fragen würde jedoch auch hier fehlen.

Aber in Zukunft wird sich die Technologie auch in diesem Bereich stark weiterentwickeln und dafür sorgen, dass viele administrative Arbeiten von Maschinen übernommen werden können, während sich qualifizierte Recruiter auf spannendere Bereiche, wie das Interview an sich oder Onboarding-Konzepte, konzentrieren können.

9.6 Was man vom E-Commerce-Prozess sonst noch lernen kann

Geht man nun nicht nur vom E-Commerce-Prozess und Webshops aus, sondern sieht sich gewöhnliche Geschäfte an, wird auch deutlich, wie lächerlich einige Schritte im Bewerbungsprozess eigentlich sind: Angenommen, ein Kunde kommt in ein Geschäft und will sich umsehen beziehungsweise ist sich noch nicht sicher, was eigentlich passt. Wäre er in der Recruiting-Welt gelandet, würde der Verkäufer nun nichts tun, sondern einfach eine Liste von komplizierten Produkten hinwerfen, ohne Kontaktdaten anzugeben. Hätte sich der Kunden nun trotzdem für ein Produkt entschieden, müsste er zuerst sämtliche Daten ausfüllen und Fragen beantworten, bevor er schließlich das Produkt kaufen darf.

Im Falle, dass das Produkt zurzeit nicht vorhanden ist, würde nichts passieren. Der Kunde muss selbst sehen, wie er zum gewünschten Artikel kommt, und kann den Shop verlassen. Das dies einem Geschäft nicht gut tut, ist selbstverständlich. Warum also passiert so ein Prozess noch immer im Recruiting? Um sich dies auch visuell zu Gemüte zu führen, gibt es ein bekanntes Video: „Google Analytics in real life"[1].

Würde man das Ganze nun umdrehen und die Recruiting-Welt anhand des Commerce-Prozesses verbessern, könnte der Frust auf Kandidatenseite definitiv verringert werden. Kandidaten „betreten" die Karriereseite, finden automatisch passende Jobs und außerdem steht ein freundlicher Recruiter zur Seite, der Fragen beantwortet und seine Jobs „verkauft". Der Check-out ist einfach: Der Kandidat hinterlässt nur ein Profil seiner Wahl oder den Lebenslauf. Weitere Dokumente, wie Anschreiben und Zeugnisse, werden erst bei definitivem Interesse nachgereicht.

Sollten keine passenden Jobs zurzeit „auf Lager sein", wird der Kandidat freundlich an ein anderes Unternehmen in der Umgebung verwiesen, welches eine solche Position offen haben könnte. Einen Schritt in diese Richtung geht ja auch cleverhead bereits. Würden sich nicht konkurrierende Unternehmen einer bestimmten Region verbünden und einen Talentpool mitsamt einer Datenbank teilen, wäre dies nur ein Aufwand von einem Klick, um einen relevanten Job in der Umgebung zu finden. Kurzfristig hat das besagte Unternehmen natürlich selbst wenig von der freundlichen Empfehlung, betrachtet man dies jedoch langfristig, prägt sich solch ein zuvorkommendes Verhalten bei Kandidaten sicher ein, die das Unternehmen dann weiterempfehlen. Und dass eine solche Weiterempfehlung vor allem in sozialen Netzwerken heutzutage das Image eines Unternehmens stark beeinflusst, wissen wir alle.

---

[1] „Google Analytics in real life": https://www.youtube.com/watch?v=3Sk7cOqB9Dk.

9.7   Wie geht die Baloise Group mit Candidate Experience um?

Die Baloise Group mit Sitz in Basel, Schweiz, ist ein europäischer Anbieter von Versicherungs- und Vorsorgelösungen. Sie positioniert sich als Versicherer mit intelligenter Prävention der „Sicherheitswelt". Die Baloise Group beschäftigt rund 8000 Mitarbeiter und mehr als 200 davon als Auszubildende, Trainees oder Praktikanten. Seit einigen Jahren hat sich das Unternehmen auf Innovationen im Recruiting fokussiert und sehr viel Mühe in den Bereich Social Media gesteckt. Dessen Ziel war es natürlich, möglichst viele interessierte Kandidaten auf die interne Karrierewebsite zu locken und dadurch zu mehr eingehenden Bewerbungen zu gelangen.

Die Karrierewebsite der Baloise Group ist seit einem Relaunch Anfang 2015 responsiv, an den Bedürfnissen der User ausgerichtet und bietet zahlreiche spannende Informationen für interessierte Kandidaten an. Um eine durchgehend gute Candidate Experience sicherzustellen, musste das Baloise-Team auch den Bewerbungsworkflow entsprechend modernisieren.

Für das Bewerbermanagement im Hintergrund nutzt die Baloise das E-Recruiting-System von Taleo. Bewerber mussten, je nach Erfahrungsbackground, viel Zeit und etliche Dateneingaben investieren, um sich aussagekräftig zu bewerben. Obwohl Personaler natürlich möglichst viele Informationen der Kandidaten haben möchten, stellt so ein langwieriges Formular keinen bewerberfreundlichen Prozess dar.

Der neue Baloise-Online-Stellenmarkt mit dem integrierten Apply-with-Widget bietet den Kandidaten die Möglichkeit, sich mit dem Profil ihrer Wahl zu bewerben. Dabei wird der Lebenslauf im Hintergrund mit CV-Parsing analysiert und Inhalte werden in die passenden Datenfelder in Taleo eingetragen. So erreicht die Baloise eine deutlich verbesserte Candidate Experience. Mit einer leistungsfähigen und innovativen Lösung, die nicht in funktionierende Arbeitsabläufe der Personaler eingreift, konnte der Prozess einfach verbessert werden.

Nach der nur dreimonatigen Projektphase kann sich das Ergebnis sehen lassen: Die Nutzer des Baloise-Online-Stellenmarktes können sich nun mit einem Klick direkt auf eine Stelle bewerben (siehe Abb. 9.9). Der Prozess wird so dramatisch verkürzt – um bis zu 30 min, je nach Erfahrungsbackground des Bewerbers.

Im Detail wurde das Apply-with-Widget auf der Website von Baloise Group zu den jeweiligen Stellenanzeigen hinzugefügt. Sobald ein interessierter Besucher den Button anklickt und die obligatorische Datenschutzerklärung akzeptiert, wird im nächsten Schritt der Lebenslauf von Textkernels CV-Parser analysiert. Die vorhandenen Daten werden dann an das Taleo-System gesendet, wo sie automatisch in die passenden Datenfelder eingefügt werden. Die Daten werden bei Textkernel nicht gespeichert oder verarbeitet, sondern unmittelbar nach der Analyse gelöscht. So werden die Datenschutzanforderungen der Baloise Group sicher erfüllt.

Die Möglichkeit, sich mobil mit verschiedenen Profilen oder mit dem eigenen Lebenslauf zu bewerben, kommt auch bei den Bewerbern gut an und sorgt für eine höhere Konversionsrate.

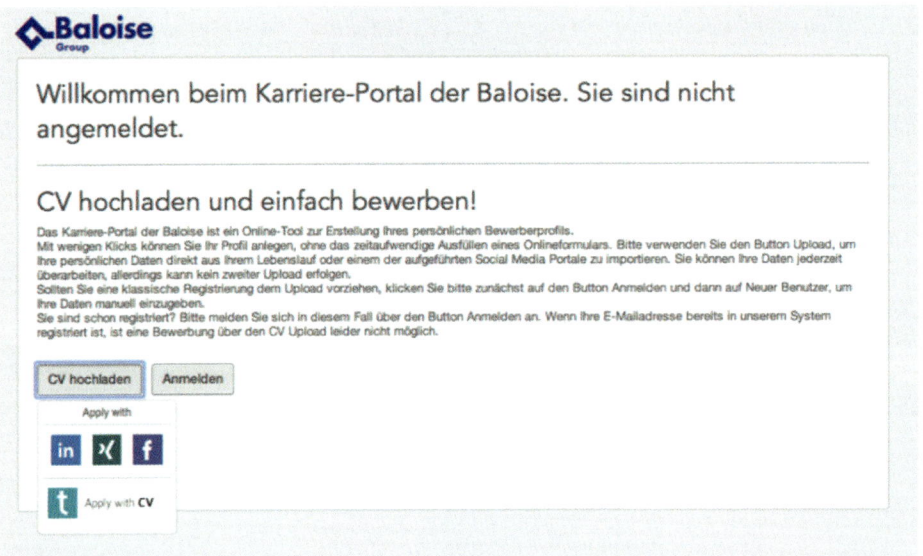

Abb. 9.9 Baloise

Literatur

Athanas, C., & Wald, P. (2014). *Candidate experience study*. Berlin.
Charney, M. (2014). Don't get high on your own apply. http://recruitingdaily.com/candidate-expe-rience-dont-get-high-on-your-own-apply/. Zugegriffen: 6. März 2015.
E-Commerce Funnel basierend auf Bachmann, D. (2014). Universal Analytics Enhanced e-Com-merce: Neue Standardberichte http://www.yourposition.ch/e-commerce/universal-analytics-en-hanced-e-commerce-neue-standardberichte/. Zugegriffen: 23. Feb. 2015.
Gernhardt, S. (2015). Google Analytics Datenschutz. http://www.wollmilchsau.de/google-analy-tics-datenschutz/. Zugegriffen: 6. März 2015.
Schenk, H. (2002). E-Commerce und Internet-Handel – Eine typologische Klärung. In von V. Trommsdorff (Hrsg.), *Handelsforschung 2001/02*. Köln: Kohlhammer.

Sandra Petschar ist seit 2013 bei Textkernel für den Bereich Marketing & Sales im deutschsprachigen Raum zuständig. 2014 hat sie die Candidate Experience Studie von Textkernel in Deutschland und Österreich durchgeführt und sich somit ein Bild vom aktuellen Stand der Dinge machen können. Die Erfahrung mit Recrutingthemen legte sie sich in Österreich bei einer privaten Unternehmensgruppe im Gesundheitswesen zu. Zuvor studierte sie International Management und Gesundheitsmanagement in Österreich, Italien und Irland.

 **Jakub Zavrel** ist Gründer und Geschäftsführer von Textkernel. Mit seinem Hintergund in R&D zu natürlicher Sprachverarbeitung (NLP), Big Data, maschinellem Lernen und semantischer Suche, arbeitet er und sein Team daran Technologien für die Zukunft des Recruitings zu bauen. Darüber hinaus ist Jakub Zavrel auf diversen Sozialen Netzwerken zu finden und auf Twitter aktiv unterwegs, wenn es um Neuigkeiten aus den Bereichen semantische Technologien, Arbeitsmarktanalysen, natürliche Sprachverarbeitung und Maschine Learning geht.

Onboarding als integraler Bestandteil eines systematischen Candidate Experience Managements

10

Warum es zu kurz gedacht ist, Candidate Experience Management direkt nach dem Bewerbungsprozess enden zu lassen

Tim Verhoeven

Inhaltsverzeichnis

10.1 Einleitung 110
10.2 Ziele des Onboardings 111
10.3 Kontakthalten bis zum ersten Arbeitstag 112
10.4 Informationsfluss und -zugang vor dem ersten Arbeitstag 114
10.5 Der erste Arbeitstag oder eine Onboarding-Veranstaltung 116
10.6 Übergang vom Recruiting-Prozess zum Onboarding-Prozess 118
10.7 Administrative Kommunikation 119
10.8 Fazit 120
Literatur 120

Zusammenfassung

Häufig wird das Thema Candidate Experience nur auf den Bewerbungsprozess bezogen – wenn überhaupt, dann werden eventuell noch die davorliegenden Prozesse einbezogen. Dieser Artikel zeigt, warum dieser Gedankengang zu kurz gedacht ist und welchen Mehrwert es bringt, wenn man das Onboarding neuer Mitarbeiter in das Candidate Experience Management integriert. Dabei werden sowohl die grundsätzlichen Mehrwerte eines erfolgreichen Onboardings belegt, als auch gezeigt, wie man mit wenig Aufwand einen konsistenten Übergang vom Recruiting-Prozess ins Onboarding leisten kann.

T. Verhoeven (✉)
BearingPoint, Speicherstr. 1, 60327 Frankfurt am Main, Deutschland
E-Mail: tim.verhoeven@bearingpoint.com

© Springer Fachmedien Wiesbaden 2016
T. Verhoeven (Hrsg.), *Candidate Experience*, DOI 10.1007/978-3-658-08896-5_10

10.1   Einleitung

Da die meisten Personaler – wenn sie das Thema Candidate Experience kennen – das
Thema primär auf die Erfahrungen von Bewerbern während des Bewerbungsprozesses
beschränken, ist es nicht weiter verwunderlich, dass der Aspekt dieses Kapitels häufig
vernachlässigt wird. Wie ich schon in Kap. 2 erläutert habe, ist Candidate Experience
als ganzheitlicher Prozess zu sehen, der weder erst beim Recruiting beginnt, noch beim
Recruiting endet (vgl. Abschn. 2.3), welcher also auch auf den Bereich bezogen werden
muss, der sich mit den neueingestellten Mitarbeitern und deren Integration beschäftigt –
dem Onboarding.

Wenn man sich dem Thema Onboarding widmen möchte, muss man erst einmal klären,
welche Definition von Onboarding man zugrunde legen möchte. Die häufigste Unterscheidung liegt im zeitlichen Horizont der Einordnung des Onboardings. Hier betrachte ich
das Thema Onboarding beginnend mit der definitiven beidseitigen Festlegung, dass ein
Bewerber zum Arbeitnehmer werden wird. Dies ist in Deutschland in der Regel mit der
Unterzeichnung des Arbeitsvertrags der Fall. Ab diesem Moment ist aus meiner Sicht
der Arbeitgeber zumindest moralisch verpflichtet, sich um den Arbeitnehmer in spe zu
kümmern – auch wenn dies arbeitsrechtlich erst mit dem Beginn der Tätigkeit stattfindet.

Widmen wir uns doch der Frage, warum das Thema Onboarding überhaupt für das
Thema Candidate Experience interessant ist. Immerhin sind wir doch dann in der kom-
fortablen Situation, dass wir zu diesem Zeitpunkt unser eigentliches Ziel erreicht haben.
Nach langer Personalbedarfsklärung, kostspieligen Personalmarketingmaßnahmen, vielen
Vorstellungsgesprächen sind wir endlich am Ziel: Wir haben den Wunschkandidaten gefunden und er hat sich tatsächlich für uns entschieden. Also könnten wir uns doch eigentlich entspannt zurücklehnen, uns ein wenig selbst auf die Schulter klopfen für die gute
geleistete Arbeit und uns dann der nächsten Besetzung einer offenen Position widmen:
„Der Nächste bitte!"

Aber halt! Da war noch etwas. Stimmt! Der Bewerber ist ja noch gar nicht da. Wir
haben also einen Bewerber, den wir über den kompletten Bewerbungsprozess begeistert
haben. Einen Bewerber, dem man über ganz viele verschiedene Kontaktpunkte ein konsistentes und zugleich positives Markenerlebnis geboten hat.

Und jetzt? Jetzt haben wir einen neuen Mitarbeiter in spe, voller Vorfreude und voller
hoher Erwartungen, und er muss noch drei bis sechs Monate (je nach Kündigungsfrist)
warten, bis er bei uns anfängt. Spätestens jetzt sollte jedem Personaler klar sein, wo das
Dilemma liegt. Auf der einen Seite könnte man sagen, dass der Prozess vorbei ist und alle
zufrieden sein sollten. Auf der anderen Seite wird jedem klar, dass man alle Erwartungen
und Vorfreude wieder zunichtemacht, wenn man sich jetzt aus dem Prozess ausklingt.

> **Beispiel**
>
> Ein Mitarbeiter in spe wartet nach der Unterzeichnung seines Arbeitsvertrags drei Mo-
> nate lang auf den Beginn seines neuen Arbeitsverhältnisses. Sein neuer Arbeitgeber hat
> sein Personalmarketing und sein komplettes Recruiting nach Gesichtspunkten einer

optimalen Candidate Experience ausgerichtet. Er bekam also stets professionelle Rückmeldung zum Stand seiner Bewerbung und wurde schnell und regelmäßig informiert,
so dass er stets ein positives Gefühl hatte, was zu guter Letzt auch dazu führte, dass
er sich für seinen neuen Arbeitgeber entschieden hat. Der Mitarbeiter in spe hat also
höchste Erwartungen an seinen neuen Arbeitgeber, welcher die Messlatte im Bewerbungsprozess schon sehr hoch gelegt hat. Umso größer ist die Enttäuschung, da der
neue Arbeitgeber jetzt nachgelassen hat. Drei Monate lang folgte keine Kommunikation mehr, seit dem Zeitpunkt, an dem er die Unterlagen für den ersten Arbeitstag bekommen hat. Dabei hat sein neuer Arbeitgeber so modern gewirkt und immer viel Wert
auf direkte Kommunikation gelegt.

Also muss die Devise sein: Man muss sich um die neuen Mitarbeiter in spe genauso intensiv kümmern, wie um Bewerber im Bewerbungsprozess.

Bauer und Erdogan haben 1991 eine sehr eingängige Definition vom Begriff Onboarding (hier synonym zum Begriff der organisatorischen Sozialisation) verfasst:

> Organizational socialization, or onboarding, is a process through which new employees move
> from being organizational outsiders to becoming organizational insiders. Onboarding refers
> to the process that helps new employees learn the knowledge, skills, and behaviors they need
> to succeed in their new organizations.
> (Bauer und Erdogan 1991, S 51)

Es gibt eine Vielzahlt verschiedener Situationen innerhalb des Onboardings, bei denen
man sehr gute Ansatzpunkte hat, um mit verhältnismäßig wenig Aufwand das positive
Bild, welches man als Arbeitgeber im Bewerbungsprozess hinterlassen hat, auch auf das
Onboarding zu übertragen. Auf den folgenden Seiten werde ich möglichst viele dieser
Situationen zeigen, mit konkreten Handlungsempfehlungen und auch mit einzelnen Pra-
xisbeispielen.

10.2   Ziele des Onboardings

Man könnte sich direkt am Anfang des Kapitels fragen, warum man jetzt auch noch Zeit
und Geld investieren soll, um sich um so etwas wie Onboarding zu kümmern.

Eine großangelegte Studie der Aberdeen Group hat 2013 drei Messgrößen für den Erfolg von Onboarding definiert und verschiedene Unternehmen danach untersucht (vgl.
Laurano 2013, S. 7).

- Employee Retention (Prozentualer Anteil der Neueinstellungen, die bei dem Unterneh-
  men verbleiben)
- Time to Productivity (Prozentualer Anteil der der Neueinstellungen, die ihren ersten
  Leistungs-Meilenstein erreicht haben)
- Hiring Manager Satisfaction (Jährliche Veränderung der Zufriedenheit der Hiring Ma-
  nager mit der jeweiligen Neueinstellung)

Die Ergebnisse der Studie zeigen wiederum den quantitativen Unterschied bei Unternehmen bei den drei Messgrößen, unterteilt in drei Gruppen – je nachdem, wie gut die Unternehmen in der Studie abgeschlossen haben[1]. Wenn man die 20 % der Unternehmen vergleicht, die gemäß der Studie das beste Onboarding machen, mit der Gruppe der schlechtesten 30 %, dann erkennt man, wie enorm der Einfluss des Onboardings ist (vgl. Laurano 2013, S. 8).

Bei den 20 % der besten Unternehmen sind durchschnittlich 91 % der Neueinstellungen nach einem Jahr noch im Unternehmen – bei den schlechtesten 30 % der Unternehmen sind dies nur 30 % der Neueinstellungen.

Nach einem Jahr haben 62 % aller Mitarbeiter der 20 % der besten Unternehmen ihre ersten Leistungs-Meilensteine erreicht – wohingegen dies nur bei 17 % der Mitarbeiter der 30 % der Unternehmen mit dem schlechtesten Onboarding der Fall war.

Bei der jährlichen Veränderung der Zufriedenheit der Hiring-Manager mit Neueinstellungen gaben bei den 30 % der Unternehmen mit dem schlechtesten Onboarding nur drei Prozent der Hiring-Manager eine Verbesserung an. Bei der Gruppe der 20 % der Unternehmen mit dem besten Onboarding liegt dieser Wert immerhin bei 33 % (vgl. Laurano 2013, S. 8).

Nachgewiesen wurde auch, dass neue Mitarbeiter in spe, die vorher eine gute Candidate Experience hatten, optimistischer auf den ersten Arbeitstag blicken im Vergleich zu neuen Mitarbeitern in spe, die keine so gute Candidate Experience hatten – und das inkludiert natürlich auch alles, was vor dem ersten Arbeitstag passiert (vgl. Crispin et al. 2014, S. 41).

10.3 Kontakthalten bis zum ersten Arbeitstag

Als Arbeitgeber hat man es bis zum ersten Arbeitstag in der Hand, wie man den Kontakt zu seinem neuen Mitarbeiter gestalten möchte. Es sollte im ureigenen Interesse eines Arbeitgebers liegen, dass sein neuer Mitarbeiter möglichst schnell und möglichst gut integriert wird, sobald er angefangen hat, zu arbeiten. Diesen Prozess kann man schon vor dem ersten Arbeitstag entscheidend beeinflussen, indem man sich darum bemüht, dass der neue Arbeitnehmer schon vor dem ersten Arbeitstag mit seiner Abteilung beziehungsweise seinen Kollegen zusammengeführt wird. In Tab. 10.1 sind ein paar Beispiele, mit denen ich sehr gute Erfahrungen gemacht habe und die keinen größeren organisatorischen Mehraufwand mit sich bringen, aufgeführt.

Bei all diesen Ideen, muss man natürlich Aufwand und Nutzen im Auge behalten. Es bringt schließlich nicht viel, wenn Sie den neuen Mitarbeiter in spe vier Stunden je Weg einfahren lassen, um ihn dann eine Stunde lang mit seinen Kollegen zusammenzusetzen.

---

[1] Die erste Gruppe waren die 20 % der Unternehmen mit den besten Werten beim Onboarding, darauf folgten die 50 % der Unternehmen mit durchschnittlichen Werten und die letzte Gruppe waren die 30 % der Unternehmen mit den schlechtesten Werten.

Tab. 10.1 Maßnahmen zum Kontakthalten mit neuen Mitarbeitern bis zum ersten Arbeitstag

Maßnahme	Inhalt
Weiterbildungen/Trainings	Trainingsmaßnahmen oder Weiterbildungen, die mindestens einen Tag gehen, bilden einen idealen Rahmen, um einen neuen Arbeitnehmer mit seinen Kollegen in spe vertraut zu machen. Man sollte den Trainer vorher nur darüber informieren, damit er gegebenenfalls speziell darauf eingeht (beispielsweise in der Vorstellungsrunde oder ähnlichem). Alternativ auch Online-Trainings, bei denen dann weniger der Aspekt der Sozialisation im Vordergrund steht
	Vorteil: Dieser Rahmen bietet die Möglichkeit, die neuen Kollegen in einer anderen Situation als im normalen Arbeitsalltag zu erleben
Weihnachts- oder Sommerfeste	Für viele Mitarbeiter sind die alljährlichen Sommer- und Weihnachtsfeste ein Highlight und heben in der Regel die Stimmung der Mitarbeiter. Auch als Arbeitgeber nutzt man diese Anlässe gerne, um sich von seiner besten Seite zu zeigen. Da macht es nicht viel Aufwand aber dafür viel Sinn, den Mitarbeiter in spe einzuladen
	Vorteil: Man kommt ungezwungen und informell mit vielen Leuten ins Gespräch und hat viele wichtige Stakeholder an einem Platz, denen man den neuen Kollegen in spe vorstellen kann
Team-Events	Ob es nun das Teambuilding-Wochenende oder der Strategie-Workshop der Abteilung ist – beides (und auch andere Formate) bilden einen guten Rahmen, um neue Mitarbeiter in spe in seinen Reihen willkommen zu heißen. Je nachdem, wie hoch der zeitliche Aufwand des baldigen Mitarbeiters ist, könnte man sich überlegen, dem Mitarbeiter dann als Dankeschön einen Urlaubstag oder ähnliches zu schenken
	Vorteil: Meistens kann das Team auch davon profitieren, wenn jemand dabei ist, der noch nicht so tief im Arbeitsalltag steckt und dadurch möglicherweise andere Ansichten einbringt
Größere Betriebs- oder Mitarbeiterversammlungen	Eine größere Betriebs- oder Mitarbeiterversammlung kann auch für einen Kollegen in spe einen Mehrwert darstellen – immer abhängig davon, was Thema und Anlass einer solchen Veranstaltung sind und wie lange diese Veranstaltung dauert. Man sollte jedoch als Arbeitgeber genau darauf achten, zu welchen Themen dort gesprochen wird. Negative Themen wären möglicherweise kontraproduktiv
	Vorteil: Der organisatorische Aufwand ist überschaubar, da die Veranstaltung so oder so für mehrere Personen ausgelegt ist und eine kleinere Veränderung der Teilnehmer keine Probleme bereitet
Externe Termine	Manchmal gibt es auch externe Termine, bei denen es eine gute Idee ist, einen Kollegen in spe einzuladen. Der Klassiker hier sind Fach- oder Publikums-Messen. Daneben gibt es auch immer andere Veranstaltungen (soziale oder gemeinnützige Termine oder ähnliches), bei denen sich die Integration von Mitarbeitern in spe lohnt
	Vorteil: Je nach Veranstaltung kann man hier einem Mitarbeiter in spe auch schon einmal potenziellen Geschäftspartnern und/oder Kunden vorstellen

Manchmal helfen auch Kleinigkeiten, die Candidate Experience im Onboarding zu verbessern – manchmal reicht ein Griff zum Telefon. Nur 39,7 % der Teilnehmer der Studie
„Candidate Experience Report 2013" bekamen vor ihrem ersten Arbeitstag einen Anruf
von ihren Vorgesetzten (vgl. Crispin et al. 2014, S. 38).

Sie können sich sicher sein: Wenn Sie Ihren neuen Mitarbeiter in spe auf diese Art
integrieren, wird er sich noch besser fühlen, wenn er an die ersten Arbeitstage denkt und
er wird weniger Zeit benötigen, um sich zu akklimatisieren und in die Organisation zu
integrieren. Im besten Fall erhöhen Sie auch seine Motivation und verbessern dadurch
seine Produktivität.

10.4 Informationsfluss und -zugang vor dem ersten Arbeitstag

Wenn man sich frisch für einen neuen Arbeitgeber entschieden hat, ist man hoch motiviert und brennt in der Regel darauf, anzufangen und sich in Arbeit zu stürzen. Man ist
idealerweise voller Euphorie, aber meistens dauert es dann noch eine Weile, bis man dazu
kommt, sich in die Arbeit zu stürzen. Warum nutzen Arbeitgeber dieses Potenzial nicht
stärker? In der Realität gibt es nämlich ein Missverhältnis zwischen Motivation auf der
einen Seite und Informationszugang auf der anderen Seite. So zeigt sich auch, dass Mitarbeiter in Unternehmen, die sich vorbildlich um das Thema Onboarding kümmern, höher
motiviert sind – schon vor Beginn des ersten Arbeitstags (vgl. Crispin et al. 2014, S. 41).

Eines der interessantesten Projekte während meiner Zeit bei Vodafone war die Kon-
zeption und Umsetzung eines Online-Portals zum Onboarding für neue Mitarbeiter. Ich
möchte dieses Projekt aufgreifen, aber noch ein wenig verfeinern und ergänzen, da sich
sowohl die technischen Möglichkeiten als auch die Anforderungen an vernetztes Arbeiten
seit meiner damaligen Anstellung bis heute weiterentwickelt haben.

> **Beispiel**
>
> Folgendes Szenario: Wenn man als neuer Mitarbeiter seinen Arbeitsvertrag zugeschickt
> bekommt, erhält man gleichzeitig auch einen Link zu einer mit Passwort geschützten
> Website. Auf dieser Seite folgen dann sowohl Informationen, die für alle neuen Mit-
> arbeiter gültig sind, als auch Informationen für neue Mitarbeiter eines speziellen Berei-
> ches, wie beispielsweise des Vertriebs und Informationen, die nur für diesen speziellen
> Mitarbeiter relevant sind. Die Möglichkeiten sind nahezu grenzenlos, wie in Tab. 10.2
> dargestellt.
>
> Meiner Erfahrung nach liegt die quantitative Verteilung der Informationen in der
> Regel bei 60 bis 80 % für allgemeinen Inhalt, 20 bis 30 % für speziellen Inhalt und
> höchstens zehn Prozent für den persönlichen und individuellen Inhalt. Dies liegt auch
> daran, dass der Aufwand größer wird, je spezieller beziehungsweise individueller der
> jeweilige Inhalt ist. Am besten lässt sich ein solches Portal steuern, wenn man Schnitt-
> stellen zum eigenen Intranet beziehungsweise einer anderen internen Informations-

Tab. 10.2 Möglichkeiten eines Onboarding-Portals

Art des Inhalts	Beispiele
Allgemeiner Inhalt	Aktuelle Unternehmenszahlen, Organigramme, Videos vom CEO, Pressemitteilungen, alles zum Thema Kultur und Werte, allgemeine Benefits, übergreifende Termine, Sportprogramme (wenn es Betriebssport gibt), allgemeine Vertragsanhänge (Tarifvertrag, Betriebsvereinbarungen, Betriebsordnung etc.)
Spezieller Inhalt	Bereichsspezifische Informationen (beispielsweise spezielle Kennzahlen oder Ziele seines Bereiches); detailliertere Bereichsorganigramme; spezielle Vergütungsrichtlinien (nur für den Vertrieb oder nur für Führungskräfte oder ähnliche)
Individueller Inhalt	Individuelle Informationen zum Arbeitsvertrag, ein persönlicher Ansprechpartner, besondere Informationen, die zur Position abgestimmt sind

plattform hat und gewisse Automatisierungen herstellen kann. Beispielsweise könnte man so sicherstellen, dass Kennzahlen automatisch aktualisiert werden, sobald sie im Intranet oder auf dem Informationsportal aktualisiert werden.

Dies ist natürlich nur ein Beispiel, wie man die Informationen transportieren kann. Das Wichtigste ist dabei aber nicht die Art und Form, sondern welche Informationen weitergegeben werden. Hierbei hilft die oben genannte Aufzählung – aber ich würde auch immer dazu raten, mit neu eingestellten Mitarbeitern zu sprechen, um zu schauen, was in Ihrem Unternehmen an Bedarf für Informationen existiert.

Online-Tools sind in diesem Kontext natürlich besonders einfach zu nutzen, da sie komfortabel für den neuen Mitarbeiter sind. Egal, ob Online-Portal, gemeinsames Online-Onboarding mit Video-Konferenz oder Online-Trainings vorab – alle Tools wirken modern und erhöhen die Motivation von neuen Mitarbeitern. Solche Tools sind vor allem ein Differenzierungsmerkmal, welches man auch wieder im Personalmarketing nutzen kann, denn nur wenige Unternehmen nutzen dies bisher. Nur 21,2 % der Teilnehmer der Studie „Candidate Experience Report 2013" haben vorab an Online-Trainings teilgenommen und nur 12,1 % haben eine Form von Online-Onboarding nutzen können (vgl. Crispin et al. 2014, S. 38).

Insbesondere bei Bewerbern, die für einen Job umziehen müssen und die Region nicht besonders gut kennen, kann man mit überschaubarem Aufwand großen Mehrwert erzielen. Sie wissen ja normalerweise nach den Vorstellungsgesprächen, ob der Bewerber umziehen müsste und ob er die neue Region kennt und einen Bezug dazu hat. Geben Sie ihm Informationsbroschüren über die Region oder den Ort, an dem er arbeiten würde – solche finden Sie in der Regel gut aufbereitet bei dem entsprechenden Landschaftsverband oder im ansässigen Touristikbüro.

▶   **Mein Tipp** Schauen Sie sich die Zeitschriften-Serie „Neuland" von brand eins
       an! Eine optisch sehr ansprechend und liebevoll gestaltete Reihe von Zeitschrif-

ten mit ja ca. 200 Seiten über verschiedene Regionen in Deutschland. Bisher
erschienen sind in dieser Reihe „Land Bremen", „Ostwestfalen-Lippe", „Nieder-
rhein", „Die Südpfalz", „Niederbayern" und „Region Dresden".[2]

Daneben ist es in einer solchen Konstellation, wenn Sie Ihrem Mitarbeiter in spe beim
Thema Wohnungssuche unter die Arme greifen wollen – kostenlos und trotzdem nützlich,
wenn Sie ihm eine Liste mit vertrauenswürdigen Maklern zukommen lassen, die in Ihrer
Region aktiv sind. Diese können Sie vorher auch über Ihr Vorhaben informieren – die
meisten Makler freuen sich über solche Kooperationen. In der Regel hat eine solche Kooperation auch den Vorteil, dass der Makler das Unternehmen gut kennt und bei mehreren
Interessenten für eine Wohnung lieber den Interessenten nimmt, der bei seinem Koopera-
tionspartner arbeitet.

10.5   Der erste Arbeitstag oder eine Onboarding-Veranstaltung

Viele Unternehmen haben schon feste Prozesse, welche den ersten Arbeitstag von neuen
Mitarbeitern betreffen (Hiekel und Neymanns 2011). Klassische Rituale sind entweder
eine Vorstellungsrunde oder (bei etwas größeren Unternehmen) eine Onboarding-Veranstaltung, welche vom zeitlichen Umfang gesehen je nach Unternehmen zwischen wenigen Stunden und mehreren Tagen beanspruchen kann. Jede Form von Onboarding-Veranstaltung bringt für die Teilnehmer eine Menge Vorteile. Neue Mitarbeiter vernetzen sich
untereinander und lernen dabei auch andere Abteilungen kennen. Meiner Erfahrung nach
halten viele dieser ersten Bekanntschaften sehr lange und noch nach Jahren halten solche
Netzwerke zusammen. Daneben ist eine solche Veranstaltung eine Frage der Wertschätzung, welche wiederum auch zur Motivation neuer Mitarbeiter beiträgt.

Ab einer gewissen Dezentralisierung der unternehmerischen Organisationsstruktur
stellt sich die Frage, in welcher Form eine Onboarding-Veranstaltung abgehalten werden
sollte. Ich unterscheide hier zwischen einem zentralisierten Onboarding, einem dezentralisierten Onboarding und einem teilzentralisierten Onboarding. Sonderfälle wie das rein
virtuelle Onboarding lasse ich bei dieser Betrachtung außen vor.

Zentralisierte Onboarding-Veranstaltung
Beispiel:
In regelmäßigen Abständen – beispielsweise einmal pro Monat – werden alle neu ein-
gestellten Mitarbeiter zu dieser Veranstaltung eingeladen.
  Bewertung:
Diese Form ist insbesondere bei zentralisierten Personalprozessen sinnvoll und/oder
wenn das Unternehmen nur einen Standort hat. Die Kosten hängen stark davon ab, ob
alle teilnehmenden Mitarbeiter vor Ort arbeiten oder nicht und dadurch Reise und Über-

---

[2] Weitere Details zu finden unter: http://www.brandeins.de/wissen/neuland/.

nachtungskosten anfallen. Einer der großen Vorteile ist die Möglichkeit der häufigeren Durchführung der Veranstaltung, da man schneller die Mindestanzahl von Teilnehmern bekommt.

Dezentralisierte Onboarding-Veranstaltung
Beispiel:
Parallel oder auch unabhängig voneinander finden in allen Niederlassungen Onboarding-Veranstaltungen statt.
Bewertung:
Dieses Modell ist zu empfehlen bei stark dezentralisierter Organisation beziehungsweise einer stark dezentralisierten HR-Organisation. Man hat in der Regel nur geringe oder kein Reise- und Übernachtungskosten und dazu verlieren die Teilnehmer weniger Zeit durch Reisezeit. Einer der wichtigsten Faktoren ist hier jedoch die Höhe des Recruiting-Volumens. Wenn man in einer Niederlassung nur vier bis fünf Mitarbeiter im Jahr einstellt, erhält man nie rechtzeitig genug Teilnehmer für eine Veranstaltung – bei 40 bis 50 Mitarbeitern sieht es hingegen schon anders aus. Eine Herausforderung ist sicherlich die Sicherstellung einer gleichbleibenden Qualität der Veranstaltungen.

Teilzentralisierte Onboarding-Veranstaltung
Beispiel:
Hierbei gibt es viele Möglichkeiten – beispielsweise wird ein Teil der Onboarding-Veranstaltung zentralisiert durchgeführt und ein Teil dezentral. Eine andere Möglichkeit ist, dass manche Mitarbeiter ein dezentrales Onboarding haben – beispielsweise der Vertrieb, da diese häufig dezentral arbeiten – und manche Mitarbeiter ein zentralisiertes Onboarding.
Bewertung:
Diese Form der Onboarding-Veranstaltung lohnt sich unter anderem dann, wenn man Mitarbeitergruppen mit einem unterschiedlichen Grad an Zentralisierung hat.

Die Inhalte der Onboarding-Veranstaltung können so vielfältig sein wie die Bedürfnisse der neuen Mitarbeiter. Da man ja ein ganzheitliches Candidate Experience Management nutzen kann, wissen Sie bereits, welchen Wissensstand ihre Bewerber durch den Bewerbungsprozess haben könnten beziehungsweise sollten. Bauen Sie darauf auf. Füllen Sie die Punkte, die standardmäßig im Bewerbungsprozess angesprochen werden, mit mehr Tiefgang – beispielsweise die Unternehmenswerte und die Unternehmensstrategie.

Neben der Gestaltung einer Onboarding-Veranstaltung sind die ersten Tage der neuen Mitarbeiter von zentraler Bedeutung. Idealerweise sorgen Sie vor dem Arbeitsbeginn des Mitarbeiters dafür, dass es einen Onboarding-Paten für den Mitarbeiter gibt. Dieser kümmert sich um die Einführung, stellt ihm neue Mitarbeiter vor und beantwortet offene Fragen. Es ist wichtig, dass neue Mitarbeiter in den ersten Tagen einen festen Ansprechpartner als Ankerpunkt haben, an den sie sich wenden können. Das muss nicht die Führungskraft sein – was insbesondere daran liegt, dass Führungskräfte in der Regel nicht die Zeit neben deren Tagesgeschäft haben, die man für eine solche Funktion benötigt.

Wichtig ist es in diesem Bereich, zu erwähnen – auch wenn es wie eine Selbstverständlichkeit anmutet: Sorgen Sie dafür, dass der Mitarbeiter an seinem ersten Arbeitstag einen komplett funktionierenden Arbeitsplatz hat mit Zugang zu jeder Form von benötigter Infrastruktur. Ich habe bisher weder bei den Unternehmen, in denen ich gearbeitet habe, noch vom Hörensagen bei anderen Unternehmen erfahren, dass dieser Punkt immer glattläuft. Mal sind noch nicht alle Passwörter da, mal klappt die Hardware nicht und manchmal habe ich sogar schon erlebt, dass noch gar kein Arbeitsplatz vorhanden war.

Bereits vor dem ersten Arbeitstag des neuen Mitarbeiters können Sie schon einmal Kennenlerntermine mit den wichtigsten Kollegen beziehungsweise internen Stakeholdern für seinen Job organisieren (lassen). So hat der neue Mitarbeiter in den ersten Tagen direkt ein paar Orientierungstermine und lernt auch Personen aus den anderen Bereichen kennen.

10.6 Übergang vom Recruiting-Prozess zum Onboarding-Prozess

Candidate Experience Management beschäftigt sich stark mit Prozessen und eine der Hauptaufgaben ist es in der Praxis, verschiedene – durch die im Unternehmen vorgegebenen Strukturen – aufgeteilte Prozesse zu harmonisieren. So macht es natürlich Sinn, die Bereiche Personalmarketing und Recruiting zu verzahnen und zu harmonisieren. Genau so sinnvoll ist es jedoch auch, diese Bereiche wiederum mit dem Onboarding zu harmonisieren.

Wenn man sich das Verhältnis von geweckten Erwartungen und Erwartungserfüllung durch den Arbeitgeber ansieht, dann erkennt man schnell, dass die Prozesse von Personalmarketing, Recruiting und Onboarding Hand-in-Hand gehen müssen und nur gemeinsam zu einer Zufriedenheit von Kandidaten führen können. Während es beim Personalmarketing noch am stärksten darum geht, eine Erwartung zu wecken, sind beim Recruiting (je nach Teilprozessschritt) beide Dimensionen abgedeckt. Beim Onboarding werden dann diese geweckten Erwartungen mit der Realität abgeglichen – was im schlimmsten Fall zu einer hohen Frustration führen kann und im besten Fall zu der Bestätigung einer sehr positiven Erwartung.

▶ **Praxis-Tipps** Informationen aus dem Bewerbungsprozess einfließen lassen: Erfahrungsgemäß gibt es immer Anknüpfungspunkte aus den Vorstellungsgesprächen, die man in das Onboarding integrieren kann. Hatte der neue Mitarbeiter in seinem Bewerbungsgespräch spezielle Fragen, die man in den ersten Tagen tiefergehend beantworten kann? War ihm das Team-Miteinander sehr wichtig? Kennt er vielleicht schon jemanden aus dem Unternehmen, mit dem man ihn vernetzen kann? Oder hat er vielleicht sogar erwähnt, was er gerne mal näher kennenlernen würde?

Sie sehen, es gibt in der Regel eine Vielzahl von Anknüpfungspunkten, die aber nur aufkommen, wenn man die Beteiligten des Recruiting-Prozesses dafür sensibilisiert und gleichzeitig diese Informationen an die zuständigen Bereiche für das Onboarding weitergeleitet werden. Was in diesem Kontext auch immer sehr positiv aufgenommen wird, ist, wenn auch der zuständige Recruiter sich zumindest informell noch einmal mit dem neuen Mitarbeiter zusammensetzt. Dies ist insbesondere hervorzuheben, wenn diejenige Person, die sich um das Recruiting gekümmert hat, nicht diejenige Person ist, die später in betreuender Funktion für den neuen Mitarbeiter zuständig ist.

10.7   Administrative Kommunikation

Beispiel

Stellen Sie sich folgende Situation vor: Sie haben einen tollen neuen Arbeitgeber – der gesamte Bewerbungsprozess war einfach, verständlich, übersichtlich und durchweg modern. Kompetente Gesprächspartner, anspruchsvolle aber interessante Bewerbungsgespräche und dann auch noch diese intuitive Karriere-Webseite – wirklich toll. Die One-Klick-Bewerbung und die sympathisch formulierte Bewerberkommunikation haben das Bild eines modernen Arbeitgebers dann noch abgerundet. Und dann an Ihrem ersten Arbeitstag bekommen Sie aus der Personalabteilung eine große Blattsammlung voller Formulare und Standardblätter, die Sie doch bitte schnellstmöglich ausfüllen sollen. Für die Personalakte und die Abrechnung, sagt man Ihnen. Sie fragen sich, ob es sich um ein Versehen halten könnte. Die meisten Formulare haben den Charme einer Steuererklärung und alles ist in bestem Beamtendeutsch formuliert.

Ja, eventuell ist dieses Beispiel etwas zugespitzt, aber Hand aufs Herz – wann haben Sie sich das letzte Mal diese Formblätter und diesen Prozess angeschaut? Und wann haben Sie das letzte Mal geprüft, ob diese Art der Kommunikation und Formulierung mit Ihrer Kommunikation im Bewerbungsprozess konform geht? Und wann haben Sie das letzte Mal diese Prozesse miteinander abgeglichen, um zu schauen, wo möglicherweise Redundanz in der Datenerfassung herrscht? Wenn Sie dem Durchschnitt entsprechen, dann ist die Antwort meiner Erfahrung nach auf die erste Frage „schon länger her" und auf die zweite und dritte Frage „noch nie".

Versuchen Sie es einfach mal. Überlegen Sie auch, welche Daten Sie möglicherweise schon im Bewerbungsprozess erfasst haben und lassen Sie den neuen Mitarbeiter nicht alles noch einmal eingeben. Überarbeiten Sie die Texte in solchen Standard-Formularen, soweit dies möglich ist. Da, wo gewisse Formulierungen bleiben müssen – arbeiten Sie mit kurzen Erklärungen, damit jeder versteht, was gemeint ist. Befragen Sie dazu einfach ein paar Mitarbeiter und Sie werden sehen – nur weil die Personaler den einen oder anderen Begriff selbsterklärend empfinden, wird dies bei anderen Mitarbeitern nicht zwingend so sein.

10.8 Fazit

Ein gut durchgeführtes Onboarding ist ein wichtiger Bestandteil für die Zufriedenheit und die Integration neuer Mitarbeiter. Auch wenn es auf den ersten Blick keinen großen Zusammenhang zwischen Recruiting und Onboarding gibt, sieht man bei genauerer Betrachtung, wie das Onboarding vom Recruiting auf der einen Seite profitieren kann und auf der anderen Seite davon abhängig ist.

Ein gutes Onboarding ist wiederum auch ein Differenzierungsmerkmal im Vergleich mit anderen Arbeitgebern und kann dadurch einen Mehrwert für das Personalmarketing und den Recruiting-Prozess darstellen.

Lassen Sie Ihr Candidate Experience Management nicht schon beim Recruiting enden, sondern nutzen Sie die vielfältigen Möglichkeiten, die es gibt, das konsistente Markenerlebnis aufrechtzuerhalten. Sowohl Ihre Bewerber als auch Ihre Mitarbeiter in spe und Ihre neuen Mitarbeiter werden es Ihnen danken.

Literatur

Bauer, T. N., & Erdogan, B. (1991). Organizational socialization: The effective onboarding of new employees. In S. Zedeck (Hrsg.), *APA handbook of industrial and organizational psychology* (Bd. 3). Washington: American Psychological Association.

Crispin, G., Burnett, M., Clayton, P., Dingee, K., Gotkin, B., Hudson, C., Murphy, J., Oravec, D., Orler, E., Sung, B., & Tice, D. (2014). The candidate experience report 2013 – a. k. a. „Candidate Experience 2013".

Hiekel, A., & Neymanns, T. (2011). Neue Mitarbeiter an Board nehmen, Personalmagazin (Hrsg.). In Personalmagazin 06/11 (S. 33–35). http://pro-file.eu/wp-content/fddum/onboarding_neue_mitarbeiter_an_bord_nehmen1.pdf. Zugegriffen: 10. Mai 2015.

Laurano, M. (2013). Onboarding 2013 – A new look at new hires. In Aberdeen Group (Hrsg.). http://deliberatepractice.com.au/wp-content/uploads/2013/04/Onboarding-2013.pdf. Zugegriffen: 10. Mai 2015.

Tim Verhoeven leitet das Recruiting und Personalmarketing bei der Unternehmensberatung BearingPoint. Zuletzt war er als Personalleiter für sämtliche Personalangelegenheiten des Modekonzerns TKN verantwortlich und davor hat er mehrere Stationen durchlaufen in den Bereichen Recruiting und Personalmarketing u. a. beim internationalen Kommunikationskonzern Vodafone und dem Marktführer im Bereich der elektrischen Verbindungstechnik Weidmüller. Er ist ein Vorreiter in Deutschland zum Thema Candidate Experience – als Berater, Blogger (NochEinPersonalmarketingBlog), Autor und Redner.

Der Einfluss von Personalberatern auf die Candidate Experience

Warum und wie die Zusammenarbeit mit Personalberatern einen Mehrwert für das eigene Candidate Experience Management liefern kann

Tim Verhoeven

> *Jedes Ding hat zwei Seiten. Fanatiker sehen nur die eine.*
> *(Hellmut Walters)*

Inhaltsverzeichnis

11.1 Einleitung 122
11.2 Personalberater in Deutschland 122
11.3 Unterscheidung: Nicht alle Personalberater haben die gleichen Prozesse 123
11.4 Harmonisierung von Prozessen/Maßnahmen 124
11.5 Wo kann ein Personalberater einen Mehrwert für die
     Candidate Experience darstellen? 125
11.6 Fazit 128
Literatur 129

Zusammenfassung

Die Zusammenarbeit mit Personalberatern mag bei der ersten Betrachtung ein Hindernis zur Erlangung der optimalen Candidate Experience darstellen. Diese Betrachtungsweise ist damit zu begründen, dass man als Unternehmen seine eigene Prozesshoheit aufgibt und die Verantwortung über einen großen Teil der Candidate Experience an den Personalberater abgibt. Bei genauerer Betrachtung und mit der richtigen Vorsorge können Personalberater hier sogar noch einen großen Mehrwert liefern.

T. Verhoeven (✉)
BearingPoint, Speicherstr. 1, 60327 Frankfurt am Main, Deutschland
E-Mail: tim.verhoeven@bearingpoint.com

© Springer Fachmedien Wiesbaden 2016
T. Verhoeven (Hrsg.), *Candidate Experience,* DOI 10.1007/978-3-658-08896-5_11

11.1   Einleitung

Ein Candidate Experience Management in die eigenen Prozesse zu implementieren ist schon eine Herausforderung und kostet Ausdauer und Einsatz. Wie ist es aber erst, wenn ich als Unternehmen fremde Prozesse mit einbeziehen muss?

Unternehmen jeder Größe und jeder Branche arbeiten regelmäßig mit Personalberatern zusammen – zu Neu-Deutsch Headhuntern. Es gibt zwar sehr viele Gründe, warum es nicht wirtschaftlich ist, Positionen via Personalberater zu besetzen, aber es gibt auch genug gute Gründe, warum es trotzdem immer wieder gemacht wird. Der Begriff des Personalberaters wird hier synonym genutzt für jede Form von Headhuntern, Personaldienstleistern, Personalvermittlern, Direct-Search, Executive-Search etc., welche primär mit der Beschaffung von festangestelltem Personal gegen Honorar ihr Geld verdienen.

Als Arbeitgeber gebe ich durch die Kooperation mit einem Personalberater Prozesshoheit und Kommunikationshoheit ab und muss auf die Prozesse und die Kommunikation der Personalberater vertrauen – maximal kann ein Arbeitgeber versuchen, diese zu steuern und dadurch indirekt zu beeinflussen. Wie aber kann ich als Arbeitgeber die externen Kommunikations- und Recruiting-Prozesse eines Personalberaters gemäß meiner eigenen Ansprüche an eine Candidate Experience steuern und ist es überhaupt sinnvoll, dies zu versuchen? Oder steht der Aufwand mit dem zu erwartenden Nutzen in einem schlechten Verhältnis?

Auf den folgenden Seiten möchte ich meine Erfahrungen mit Ihnen teilen, wie Sie auf der einen Seite abwägen können, ob es sich lohnt, diese Kontaktpunkte nach Gesichtspunkten einer konsistenten positiven Candidate Experience auszurichten und auf der anderen Seite, wie Sie dies möglichst ganzheitlich erledigen können, ohne wichtige Details zu vergessen oder wichtige Punkte zu vernachlässigen. Meine Erfahrungen spiegeln sowohl die Sicht als Personalleiter wider, als auch die Sicht als Personalberater, da ich meine erste Tätigkeit im HR-Umfeld bei einer Personalberatung für knapp zwei Jahre ausgeübt habe. Zu guter Letzt fließen hier auch diverse Gespräche mit sowohl Personalverantwortlichen als auch Personalberatern ein.

11.2   Personalberater in Deutschland

Wer sich mit dem Thema Personalberater beschäftigt, wird schnell feststellen, dass es eine Unzahl an verschiedenen Definitionen dazu gibt – manche auch noch abgrenzend zum Begriff Headhunter und den anderen zuvor genannten Bezeichnungen. Eine der Definitionen, die sich mit meiner Einschätzung deckt, ist von Prof. Dr. Thomas Bartscher:

▶   „Teil der Managementberatung, bei der ein Personalberater einen Personalsuchauftrag für eine bestimmte zu besetzende Position erhält. Die Mitwirkung eines neutralen, geschulten Beraters soll das Risiko einer Fehlentscheidung verhindern. Kosten trägt der Auftraggeber." (Bartscher o. J.)

Personalberater haben in Deutschland ein schwieriges Image – häufig eilt ihnen ein zweifelhafter Ruf voraus, was meines Erachtens auf die schlechten und teilweise dubiosen Geschäftspraktiken einiger weniger schwarzer Schafe in der Branche zurückzuführen ist. Laut der Studie „Personalberatung in Deutschland 2013/2014" des Bundesverbandes Deutscher Unternehmensberater BDU e. V. wurden im Jahr 2013 rund 52.500 Fach- und Führungspositionen über Personalberater besetzt. Der Umsatz dieser Branche wächst kontinuierlich über die letzten Jahre hinweg und ist 2013 bei einem Gesamtvolumen von 1,60 Mrd. € gelandet – davon rund 80 % durch die klassische Personalvermittlung. Trotzdem ist die Hochphase des Wachstums in dieser Branche vorübergehend aufgehalten worden. Zwischen 2004 und 2011 gab es bis auf wenige Ausnahmen fast immer ein zweistelliges Umsatzwachstum (vgl. Murmann 2014, S. 2–4).

Bei der Betrachtung der Situation von Personalberatern in Deutschland muss man sich vergegenwärtigen, dass keine der gängigen Berufsbezeichnungen (also weder Personalberater, noch Headhunter oder Personaldienstleister) ein geschützter Begriff ist und es keinerlei Mindestqualifikation des Personals noch Mindestanforderungen an Qualität oder Prozesse gibt.

Die meisten Personalberater werden mit dem sogenannten 100-Prozent-Erfolgsmodell bezahlt – dies bedeutet, dass der Personalberater in Vorleistung geht und nur bei der Besetzung der vakanten Position bezahlt wird. Danach folgen das 50/50-Modell und das Drittel-Modell, bei denen der Personalberater einen Teil des Honorars bei der Beauftragung bekommt, gegebenenfalls noch einen Teil bei der Präsentation des ersten Kandidaten und den letzten Teil bei der Besetzung der vakanten Position (vgl. Petry 2013, S. 12–14). Bei der Betrachtung nach der Anzahl der zu besetzenden Stellen ist jedoch das Drittel-Modell (oder Modelle mit noch geringeren Stufen) das häufigste Honorarmodell. (vgl. Murmann 2014, S. 8).

Mehr als drei Viertel aller Suchen durch Personalberater werden ausschließlich im Inland durchgeführt. Die Internationalität der Suchen wird häufiger bei größeren und renommierteren Personalberatern durchgeführt als bei kleineren Personalberatern: 28 % aller Suchen sind international bei Personalberatungen mit einem jährlichen Mindestumsatz von drei Millionen Euro, wohingegen dies nur bei 18 % der Personalberater mit einem Jahresumsatz unter 500.000 € der Fall ist (vgl. Murmann 2014, S. 7).

11.3   Unterscheidung: Nicht alle Personalberater haben die gleichen Prozesse

Wie schon unter Abschn. 11.2 beschrieben, ist der Markt der Personalberater in Deutschland sehr heterogen. Und genauso heterogen sind die Methoden der Personalakquise bei den verschiedenen Personalberatern. Da jedoch jede Methode und jede Besonderheit in der Personalansprache und Personalauswahl einen Einfluss auf die Candidate Experience hat und man als Arbeitgeber diese beeinflussen möchte, muss man erst einmal die wichtigsten Methoden unterscheiden (siehe Tab. 11.1). Als Erstes betrachten wir, wie

Tab. 11.1 Vorgehen bei der Kandidaten-Auswahl durch Personalberater

Vorgehensweise	Erläuterung
Nur Sourcing	Wenn sich Personalberater lediglich um die Beschaffung von adäquaten Kandidaten kümmern, ohne diese vorher zu interviewen – hier werden maximal die Qualifikationen und Rahmendaten des Bewerbers abgeglichen. Hier ergibt sich der geringste Abstimmungsaufwand der drei Vorgehensweisen
Sourcing ohne Face-to-Face-Interview	Wenn sich Personalberater zusätzlich telefonisch mit den Bewerbern auseinandersetzen, bevor diese in den Bewerbungsprozess des Unternehmens übergehen. Hier ergibt sich ein höherer Abstimmungsaufwand als bei der Vorgehensweise „Nur Sourcing", aber ein geringerer Abstimmungsaufwand als bei der Vorgehensweise „Sourcing inklusive Face-to-Face-Interview"
Sourcing inklusive Face-to-Face-Interview	Wenn Personalberater Bewerber vorher ein oder mehrmals persönlich interviewen, bevor sie in die Bewerbungsprozesse des Unternehmens übergehen. Hierbei können auch Telefoninterviews erster Teil des Prozesses sein. Hier ergibt sich der größte Abstimmungsaufwand der drei Vorgehensweisen

Personalberater die passenden Kandidaten auswählen – hier gilt grundsätzlich für die Abstimmung mit dem Personalberater bezüglich Candidate Experience: je aufwändiger die Auswahlverfahren, desto höher der Abstimmungsaufwand.

Sonstige Methoden der Personalauswahl, wie beispielsweise diverse schriftliche psychologische Tests oder das ganze Feld des sogenannten Recrutainments werden hier bewusst ausgeklammert, da diese meiner Erfahrung nach kaum eine beziehungsweise keine Rolle spielen bei der Personalauswahl durch Personalberater. Dies wird sich möglicherweise in den kommenden Jahren ändern. Diese Methoden werden bei Arbeitgebern immer häufiger genutzt werden, weil man sich dadurch erhofft, eine höhere Validität auf der einen Seite zu erreichen und auf der anderen Seite (insbesondere beim Thema Recrutainment) sollen die Auswahl-Methoden auch als attraktiv und modern wahrgenommen werden.

Gleichzeitig ist es dabei wichtig, zu betrachten, welche Sourcing-Methoden ein Personalberater nutzt, da es einen immensen Unterschied macht, welche Erwartungen Kandidaten an die Kommunikation mit einem potenziellen Arbeitgeber haben. Tabelle 11.2 zeigt eine Übersicht der gängigsten Sourcing-Methoden.

11.4 Harmonisierung von Prozessen/Maßnahmen

Der Arbeitgeber hat eigene Prozesse in der Personalbeschaffung – der Personalberater hat auch eigene Prozesse in der Personalbeschaffung; beide sind in der Regel unterschiedlich, aber beide sind miteinander verzahnt. Erst durchläuft ein Kandidat sämtliche Prozesse des Personalberaters und danach sämtliche Prozesse des Arbeitgebers. Folgende Maßnahmen können ohne größeren Aufwand mit einem Personalberater abgeglichen werden, damit man einen reibungslosen Übergang zwischen dem Prozess vom Personalberater zum eigenen Bewerbungsprozess gewährleisten kann. Dabei ist es explizit nicht das Ziel, alle

Tab. 11.2 Ansprache-Methoden von Personalberatern

Ansprache-Methode	Worauf man als Arbeitgeber achten muss
Eigenes Netzwerk	Wenn ein Personalberater Kandidaten aus seinem eigenen Netzwerk anspricht, besteht bereits ein gewisses Vertrauensverhältnis zwischen Personalberater und Kandidat. Dadurch wird den Worten und Empfehlungen des Personalberaters mehr Glauben geschenkt
Anzeigenschaltung, in der Regel anonymisiert	Ähnlich wie bei der Unternehmensvorstellung ist hier die Abstimmung zwischen Arbeitgeber und Personalberater enorm wichtig. Hierbei muss darauf geachtet werden, dass man auf der einen Seite die Anonymität gewährleistet, indem man auf eine explizite Formulierung seiner Arbeitgeberwerte etc. verzichtet. Auf der anderen Seite muss man durch implizierte Formulierungen eine Candidate Experience erzielen
Direktansprache	Neben der Vermeidung von „doppelter Kandidatenansprache" ist es wichtig, mit dem Personalberater zu klären, welche Profile direkt via Xing, LinkedIn oder Lebenslaufdatenbanken angesprochen werden sollten und welche nicht. Wenn Kandidaten erst vom Headhunter angesprochen werden, gehen Kandidaten bereits von einer Passung des Profils auf den ersten Blick aus – denn dies war schließlich die Grundlage für die Kontaktansprache. Wenn dann später abgesagt wird, weil das Profil nicht passt, wird sich dies negativ auf die Candidate Experience auswirken
	Ebenfalls wichtig: Bei manchen Netzwerken wie Xing sieht man, was die Personen ins Suchfeld eingegeben haben, wenn sie das Profil von jemandem besuchen. Wenn die gesuchten Schlagworte schon unprofessionell wirken, ist dies direkt der schlechteste Einstieg – also gilt auch hier: Abstimmung und Briefing des Personalberaters
Explizites Abwerben von der Konkurrenz	Beim Abwerben von Mitarbeitern der Konkurrenz gibt es einiges zu beachten. In der Regel machen Anonymisierungen keinen großen Sinn, da der Kandidat in der Lage sein sollte, trotzdem das Unternehmen zu erkennen – da sollte man zumindest bei den ersten Gesprächen direkt mit offenen Karten spielen. Daneben sollte man den Personalberater so gut briefen, dass er nicht schnell von jemandem überfordert wird, der sowohl die Branche als auch das Arbeitsfeld deutlich besser kennt. Man kann dem Personalberater beispielsweise ein paar Fragen vorformulieren, die man nur an Mitarbeiter von direkten Konkurrenten stellt

Unternehmensprozesse eins zu eins vom Personalberater übernehmen zu lassen. Vielmehr ist es wichtig, darauf zu achten, dass alle Prozesse zueinander passen, sich nicht unnötig doppeln und nicht diametral zueinanderstehen (siehe Tab. 11.3).

11.5   Wo kann ein Personalberater einen Mehrwert für die Candidate Experience darstellen?

Es gibt aus Sicht eines Candidate Experience Managements nicht nur Prozesse in der Zusammenarbeit mit Personalberatern, die man optimieren sollte, es gibt hingegen sogar einige handfeste Vorteile, die eine Kooperation mit einem Personalberater mit sich bringen

Tab. 11.3 Harmonisierungsprozesse

Prozess/Maßnahme	Erläuterung	Worauf muss man achten?
Standard-Kommunikation	Sämtliche Standard-Kommunikation im Bewerbungsverfahren, wie Einladungen zu Vorstellungsgesprächen, Absagen etc.	Um keinen Bruch in der Kommunikation zu erleiden, sollte man sich auf Guidelines einigen; angefangen bei der Wortwahl als auch bei gewissen Formulierungen
Unternehmensvorstellung anonymisiert	Häufig ist es der Fall, dass Personalberater Bewerbern anfangs nur anonymisierte Informationen über das Unternehmen geben	Hier handelt es sich um einen schmalen Grat. Auf der einen Seite möchte man auch das anonymisierte Arbeitgeberprofil möglichst attraktiv darstellen. Auf der anderen Seite gibt es strategische, politische oder rechtliche Gründe, warum man das Profil anonymisieren möchte. Lassen Sie sich das Unternehmen einmal anonymisiert vom Personalberater vorstellen – das wirkt Wunder
Unternehmensvorstellung nicht anonymisiert	Die klassische Unternehmensvorstellung durch den Personalberater bei (Telefon-)Interviews	Lassen Sie den Personalberater das Unternehmen mit eigenen Worten vorstellen – nur das wirkt authentisch. Wichtig ist, dass die Inhalte transportiert werden und nicht, dass der Personalberater möglichst alle richtigen Wörter nutzt, die beispielsweise in der eigenen Unternehmensvorstellung genutzt werden würden
Erwartungsmanagement an kommende Prozesse	In der Regel nach dem (Telefon-)Interview durch den Personalberater als Vorbereitung auf mögliche Prozesse beim Unternehmen	Klären Sie mit dem Personalberater direkt, wie die kommenden Prozesse aussehen werden und wie sie sich beispielsweise von den Prozessen des Personalberaters unterscheiden. Dies gilt sowohl für die inhaltliche als auch zeitliche Dimension. Nichts ist schlimmer als enttäuschte Erwartungen
Doppelte Kandidatenansprache	Es kann hin wieder vorkommen, dass Personalberater einen Bewerber ansprechen, der aktuell im Bewerbungsprozess mit dem Unternehmen ist oder war. Insbesondere bei anonymisier-ten Lebensläufen oder Profilen, führt dies leicht zu Verwirrung	Hier gilt nur eines: regelmäßige Abgleiche von Bewerber-Pools. Nur dadurch können unschöne Situationen für Bewerber und auch für das Unternehmen selbst vermieden werden

kann. Insofern wäre es fahrlässig, wenn man sich nicht auch damit beschäftigen würde. Es gibt sogar erste Studien, welche zeigen, dass Bewerber insgesamt zufriedener mit den Bewerbungsprozessen von Personalberatern sind im Vergleich zu Bewerbungsprozessen, bei denen nur Unternehmen beteiligt sind. Die Studie „The Candidate Experience 2013" zeigte, dass die befragten Bewerber einen um neun Punkte höheren Net Promoter Score angaben, bei Bewerbungen über Personalberater im Vergleich zur Bewerbung direkt bei dem Arbeitgeber (blackbridge et al. 2013, S. 12–13).

Persönlichere Betreuung Ein Personalberater ist in der Regel ein klassischer Spezialist, welcher sich nicht mit den Prozessen beschäftigen muss, welche in Unternehmen zusätzlich Zeit kosten. Dadurch schaffen es Personalberater, sich deutlich persönlicher mit Bewerbern zu beschäftigen, als die Recruiting-Abteilungen von Unternehmen. Wird man als Bewerber von einem Personalberater angesprochen, hat man es über den kompletten Prozess mit persönlichen Ansprechpartnern zu tun, da Personalberater normalerweise keine Bewerbermanagement-Tools oder ähnliches benutzen, keine No-Replay-Standard-E-Mails verschicken und häufig das One-Face-to-the-Candidate-Prinzip verinnerlicht haben. Es gibt höchstens zwei verschiedene Ansprechpartner – den sogenannten Sourcer, welcher für die Kandidaten-Suche zuständig ist, und den eigentlichen Personalberater, welcher die Interviews führt und den Kandidaten später dem Unternehmen vorstellt.

Hohe Geschwindigkeit Personalberater arbeiten in den meisten Fällen komplett oder zumindest teilweise erfolgsabhängig. Dies bedeutet, sie bekommen ihr komplettes Honorar oder einen Anteil davon erst, wenn sie eine Position besetzt haben. Dahingegen haben Personalberater relativ gleichbleibende Fix-Kosten für eigenes Personal und Räumlichkeiten etc. Wer sich diese Konstellation genauer betrachtet, wird schnell verstehen, dass es notwendig für Personalberater ist, schnelle und unkomplizierte Prozesse zu haben, um schnellstmöglich Positionen zu besetzen. Dadurch werden Kandidaten relativ verwöhnt, was die Geschwindigkeit von Rückmeldungen etc. angeht.

Personalberater können eine „neutralere" Sicht auf das Unternehmen zeigen Personalberater werden von Bewerbern häufiger als eine relativ neutrale Instanz wahrgenommen und können Bewerbern eine vermeintlich neutralere Sicht auf das Unternehmen zeigen. Viele Personalberater geben nicht nur die ungefilterten Unternehmensinformation weiter, die sie von ihrem Auftraggeber erhalten haben, sondern untermalen dies auch mit einer subjektiven Sichtweise auf den Arbeitgeber. Da Personalberater in dieser Situation als neutraler angesehen werden, kann dies einen sehr positiven Beitrag in Bezug auf die Candidate Experience haben. Aber auch hier gilt, dass man nichts dem Zufall überlassen sollte und das Thema direkt mit dem Personalberater besprechen sollte, damit der gewünschte Effekt einsetzt und das Arbeitgebermarkenerlebnis konsistent bleibt beim Übergang vom Prozess des Personalberaters zu den Prozessen des eigenen Unternehmens.

Anonymität Ein weiterer Vorteil von der Zusammenarbeit mit Personalberatern liegt darin, dass Personalberater häufig mit Kandidaten erst einmal anonymisiert über das Unternehmen sprechen. Das hat den Vorteil, dass sie manchen unpassenden Kandidaten absagen können, ohne dass man einen Rückschluss auf das Unternehmen ziehen kann. Selbst, wenn bei einem abgesagten Bewerber Frust aufkommt – was selbst bei einer sehr guten Candidate Experience geschehen kann – dann verbindet der Bewerber den Frust nicht mit dem Unternehmen, sondern nur mit dem Personalberater.

Wichtig dabei: Das anonymisierte Unternehmensprofil sollte deutlich abgestimmt werden, damit es nicht lächerlich wird, wenn beispielsweise über „einen großen Telekommunikationskonzern aus Bonn" oder „einen modernen Automobilhersteller aus Ingolstadt" gesprochen wird, ist die Anonymität weg – und der letzte Eindruck von Professionalität ebenfalls.

11.6   Fazit

Zu sagen, dass sich die Zusammenarbeit mit Personalberatern grundsätzlich negativ auf die Candidate Experience auswirkt, ist falsch. Wenn man sich als Arbeitgeber an die oben genannten Hinweise hält, kann man sogar von der Zusammenarbeit profitieren. Wichtig hierbei ist von Anfang an eine klare Vorstellung des Arbeitgebers, wie man die Candidate Experience in die Strukturen und Prozesse des Personalberaters integrieren möchte beziehungsweise wie man die Prozesse des Personalberaters in sein eigenes Candidate Experience Management integrieren möchte. Dazu gehört zu Beginn der Zusammenarbeit ein eindeutiges Briefing des Personalberaters und im Laufe der Zeit eine Erfolgskontrolle.

Am einfachsten funktioniert das Briefing des Personalberaters, wenn man bereits beim Beginn seines Candidate-Experience-Management-Projektes das Thema Personalberater mit auf die Agenda nimmt. Sowohl bei der Touchpoint-Analyse als auch bei der Entwicklung von Maßnahmen sollte man das Thema Personalberater direkt integrieren können, ohne Mehraufwand. Zum Briefing des Personalberaters gehört aber ebenso eine Offenlegung der betroffenen eigenen Prozesse, damit man gemeinsam erarbeiten kann, wie sich welche Seite annähern kann, damit der Prozessübergang von Personalberater zu Unternehmen harmonisch funktioniert und aus Bewerbersicht wie aus einem Guss wirkt.

Offen bleibt die Frage, wie man bei einem neuen Personalberater erkennen kann, ob er diese Anforderungen auch umsetzen kann und wie weit ein neuer Personalberater grundsätzlich das Thema Candidate Experience verinnerlicht hat. Hier empfehle ich, Experten zum Thema Candidate Experience mit ins Boot zu holen. Es gibt auch schon erste Ansätze, Personalberater diesbezüglich zertifizieren zu lassen, aber dies ist zum jetzigen Zeitpunkt noch nicht umgesetzt und damit Zukunftsmusik.

Literatur

Bartscher, T. (o. J.). Springer Gabler Verlag (Hrsg.), Gabler Wirtschaftslexikon. http://wirtschaftslexikon. gabler.de/Archiv/55821/personalberatung-v8.html. Zugegriffen: 3. Mai 2015.

blackbridge, better blaced, & Personnel Today. (Hrsg.). (2013). www.personneltoday.com https://s3-eu-west-1.amazonaws.com/rbi-communities/wp-content/uploads/sites/8/2013/12/ The_Candidate_Experience_2013.pdf. Zugegriffen: 14. Mai 2015.

Murmann, J. (2014). *Personalberatung in Deutschland 2013/2014*. BDU e. V. (Hrsg.). Bonn.

Petry, T. (2013). Honorarmodelle in der Personalberatung. In Haufe (Hrsg.), *Personaldienstleister 2013* (5. Aufl.). Freiburg: Haufe.

Tim Verhoeven leitet das Recruiting und Personalmarketing bei der Unternehmensberatung BearingPoint. Zuletzt war er als Personalleiter für sämtliche Personalangelegenheiten des Modekonzerns TKN verantwortlich und davor hat er mehrere Stationen durchlaufen in den Bereichen Recruiting und Personalmarketing u. a. beim internationalen Kommunikationskonzern Vodafone und dem Marktführer im Bereich der elektrischen Verbindungstechnik Weidmüller. Er ist ein Vorreiter in Deutschland zum Thema Candidate Experience – als Berater, Blogger (NochEinPersonalmarketingBlog), Autor und Redner.

Ist Candidate Experience nur etwas für große Konzerne? Candidate Experience Management für den Mittelstand

Warum ein dezidiertes Candidate Experience Management nicht nur sinnvoll für Kleine und Mittelständische Unternehmen (KMU) ist, sondern auch bei der Besetzung von Stellen ein entscheidender Wettbewerbsfaktor sein kann

Tim Verhoeven

Ein schlafender Riese, der geeckt werden muss.
(Winfried Pinger, zum deutschen Mittelstand)

Inhaltsverzeichnis

12.1 Einleitung 132
12.2 Herausforderungen 132
12.3 Chancen 134
12.4 Weitere Anregungen 135
12.5 Fazit 136
Literatur 137

Zusammenfassung

Candidate Experience ist als Thema nicht exklusiv für große Konzerne vorgesehen, auch wenn die meisten Praxisbeispiele aus diesem Bereich kommen. Insbesondere der Mittelstand könnte in diesem Bereich deutlich punkten, denn seine eigentlichen Tugenden im Gegensatz zu großen Konzernen spielen ihm hier genau in die Karten.

T. Verhoeven (✉)
BearingPoint, Speicherstr. 1, 60327 Frankfurt am Main, Deutschland
E-Mail: tim.verhoeven@bearingpoint.com

© Springer Fachmedien Wiesbaden 2016
T. Verhoeven (Hrsg.), *Candidate Experience*, DOI 10.1007/978-3-658-08896-5_12

12.1   Einleitung

Vorreiter bei der Einführung und Durchführung eines kompletten Candidate Experience Managements sind in der Regel internationale Konzerne, die natürlich auch ein entsprechendes Budget haben und eine große (und meist arbeitsteilig ausgerichtete) Personalabteilung. Ähnlich sieht es auch bei der Suche nach Best-Practice-Beispielen aus – man findet sie in der Regel bei Unternehmen mit Konzernstruktur. Auch mein erstes komplettes Candidate-Experience-Projekt aus dem Jahr 2009 durfte ich beim internationalen (damals mehr als 80.000 Mitarbeiter starken) Vodafone-Konzern durchführen.

Betrachtet man dies, so kann man durchaus zu der Frage kommen, ob sich Candidate-Experience-Projekte vielleicht gar nicht für Kleine und Mittelständische Unternehmen lohnen. Genau diese Frage beschäftigt auch viele Teilnehmer auf Veranstaltungen, auf denen ich Workshops durchführe oder Vorträge halte.

Um die Antwort auf diese Frage gleich vorwegzunehmen: Ja, ein dezidiertes Candidate Experience Management lohnt sich für KMUs – es kann sogar eine noch größere positive Wirkung entfalten, als bei Konzernen. Es kann sich für KMUs zu einem der wichtigsten Faktoren im Kampf um Talente, Leistungs- und Potenzialträger entwickeln.

Gemäß der Definition des Instituts für Mittelstandforschung (IfM Bonn) aus dem Jahr 2012 sind 99,6 % aller Unternehmen in Deutschland dem Segment der KMU[1] zuzuordnen, was bedeutet, dass sie weniger als 500 sozialversicherungspflichtig Beschäftigte haben und weniger als 50 Mio. € Jahresumsatz vorweisen können. Sie bilden 84,2 % aller Auszubildenden aus und beschäftigen 59,4 % aller sozialbeschäftigungspflichtigen Beschäftigten (vgl. Günterberg und Wolter 2003).

Ich selbst bin aktuell bei einem klassischen KMU als Personalleiter tätig und kann aus eigener Erfahrung sagen, dass ich viele Mitarbeiter gerade durch eine möglichst optimale Candidate Experience dazu bewegen konnte, sich für uns zu entscheiden. Insbesondere da mein Arbeitgeber in einem sehr kompetitiven Arbeitgeber-Umfeld agiert und bei vielen harten Faktoren (Gehalt etc.) von größeren Konzernen in unserer Branche übertrumpft werden kann.

12.2   Herausforderungen

Was sind die Besonderheiten aus HR-Sicht bei KMUs, welche sich auf mögliche Candidate-Experience-Projekte auswirken können? Die hier gezeigten Punkte sind nicht bei allen KMUs vorzufinden – da es natürlich auch bei KMUs große strukturelle Unterschiede gibt. So hat ein Unternehmen mit knapp unter 500 Mitarbeitern höchstwahrscheinlich eine deutlich größere und in der Regel auch professionalisierte Personalabteilung als ein Unternehmen mit 50 Mitarbeitern. Gleichzeitig hat wiederum ein Startup aus der IT-Branche

---

[1] Im weiteren Verlauf werden die Begriffe Mittelstand und KMU aus Gründen der besseren Lesbarkeit synonym verwendet.

komplett andere HR-Prozesse und -Strukturen als ein traditionelles Unternehmen aus der Metallverarbeitung.

Geringe finanzielle Ressourcen innerhalb der Personalabteilung

Viele KMUs haben keine großen HR-Budgets und größere Investitionen in HR-Projekte sind in der Regel schwer umzusetzen. Dies führt in der Praxis häufig dazu, dass man bei Candidate-Experience-Projekten auf teure Software-Lösungen und ausschweifende Agenturen und Dienstleister verzichten muss und sich dahingehend sehr genau überlegen muss, wie die Mittel eingesetzt werden.

Geringe personelle Ressourcen

KMUs verfügen in der Regel über unterschiedliche HR-Strukturen. Entweder gibt es tatsächlich eine kleine Personalabteilung mit wenigen Mitarbeitern – in seltenen Fällen gibt es sogar einen expliziten Recruiter – dies ist die bestmögliche, weil einfachste Ausgangssituation. Viele Unternehmen haben lediglich eine Person, die sich in Personalunion um alle Personalthemen kümmert. Insbesondere bei kleineren Unternehmen gibt es jedoch nicht einmal einen Mitarbeiter, der sich ausschließlich um Personalthemen kümmert. Das bedeutet in erster Linie, dass man wahrscheinlich niemanden hat, der sich im Alleingang um das Thema Candidate Experience kümmern kann, ohne externe Hilfe.

Generalistische Personalabteilungen

Je kleiner das Unternehmen ist, desto größer ist die Wahrscheinlichkeit, dass man in diesem Unternehmen keine Spezialisierungen innerhalb der Personalabteilung findet. Dies bedeutet grundsätzlich, dass man als HR-Generalist in manchen Bereichen keine so große Expertise hat wie Spezialisten. Dies kann sich sowohl im Bereich Personalmarketing als auch Recruiting als Nachteil erweisen, sofern man dies nicht anderweitig ausgleichen kann, wie beispielsweise durch externe Unterstützung oder adäquate Weiterbildungsmaßnahmen.

Sehr kompetitives Umfeld

Häufig befinden sich KMUs in einem sehr kompetitiven Umfeld als Arbeitgeber. Man ist in der Regel nicht der größte „Leuchtturm" seiner Branche und kann häufig insbesondere bei sogenannten harten Faktoren, wie beispielsweise dem Gehalt, nicht mit der Branchenspitze aus der Konzernlandschaft mithalten. Dem Mittelstand sind dieser Wettbewerbsnachteil oder zumindest die daraus resultierenden Auswirkungen bewusst. So geben Personaler aus mittelständischen Unternehmen an, dass sie im Vergleich zu den Top-1000-Unternehmen sowohl stärker davon ausgehen, dass sie Vakanzen erst gar nicht besetzen, als auch dass ihre Vakanzen nur sehr schwer besetzt werden können (vgl. Weitzel et al. 2015a, S. 7–8). In diesem Umfeld müssen sich mittelständische Unternehmen durch Differenzierungsmerkmale von der Konkurrenz unterscheiden – und die Konkurrenz sind in der Regel nicht nur die großen Konzerne, sondern auch viele andere Mittelständler, die mit den gleichen Problemen zu kämpfen haben.

Häufig keine starke Arbeitgebermarke und kein besonders bekanntes Unternehmensimage

Wer sich diverse Studien und Rankings zum Thema Arbeitgeberattraktivität anschaut, wird schnell feststellten, dass der Mittestand dort unterproportional beziehungsweise so gut wie gar nicht vertreten ist. Weder bei Schülern, Absolventen noch Berufserfahrenen sind KMUs als übermäßig attraktive Arbeitgeber zu finden – teilweise ist unter den 100 attraktivsten Arbeitgebern nicht ein einziger Vertreter des Mittelstands zu finden (vgl. trendence Graduate Barometer 2015 – German Business Edition, trendence Institut 2015/ trendence Schülerbarometer 2014, trendence Institut 2014)

12.3   Chancen

Die besondere Situation der KMUs bringt aber nicht nur Herausforderungen mit sich, sondern bietet auch eine Vielzahl von Chancen, welche genutzt werden sollten. Da diese Punkte meistens aus den Herausforderungen resultieren beziehungsweise damit einhergehen, werden sie häufig nicht als Chance wahrgenommen. Dadurch vernachlässigen viele KMUs gute Chancen, um sich positiv zu positionieren und sich um die Candidate Experience ihrer Kandidaten zu kümmern. Jedoch haben KMUs sehr gute Ausgangspositionen, denn die Stärken, die sie haben, passen genau zu den Bedürfnissen von Bewerbern. Insbesondere wenn Bewerber sich schon das eine oder andere Mal bei Großkonzernen beworben haben, werden sie die Candidate Experience eines professionellen mittelständischen Unternehmens umso mehr zu würdigen wissen.

Geringere Erwartungshaltung von Bewerbern

Wenn man Bewerber wirklich begeistern oder zumindest positiv überraschen möchte, ist es nicht damit getan, alles gut zu machen. Man muss idealerweise die Erwartung von Bewerbern übertreffen. Wenn man dies zugrunde legt, dann haben KMUs in dieser Hinsicht sogar einen Vorteil, da die Erwartungen von Bewerbern an Bewerbungsprozesse von KMUs meiner Erfahrung nach deutlich geringer sind, als beispielsweise an Bewerbungsprozesse eines internationalen Konzerns. Also trauen Sie sich – Sie können nur gewinnen.

Weniger Komplexität im HR-Bereich

Durch die genannten finanziellen und personellen Einschränkungen ergeben sich aber auch außerordentliche Vorteile für KMUs. Dort findet man in der Regel deutlich seltener komplizierte Prozesse und Strukturen, sondern macht die Not zur Tugend – was zu einem höheren Maß an Flexibilität und Einfachheit führt. Am deutlichsten sieht man dies in der bevorzugten Bewerbungsform: Sechs von zehn KMUs bevorzugen Bewerbungen via E-Mail, wohingegen dies nur knapp vier von zehn Top-1000-Unternehmen favorisieren (vgl. Weitzel et al. 2015a, S. 13–15). Dahingegen bevorzugen Bewerber eindeutig die E-Mail-Bewerbung (79,5 %) im Gegensatz zur meist recht komplizierten Bewerbung via Bewerbermanagement-System (8,9 %) (vgl. Weitzel et al. 2015b, S. 52–53).

Direkter Kontakt mit Bewerbern Dadurch, dass bei KMUs in der Regel wenige Personaler arbeiten und gleichzeitig auch nur selten Bewerbermanagement-Systeme eingesetzt werden, besteht die Möglichkeit einer deutlich persönlicheren Betreuung von Bewerbern. Da ist es naheliegend, wenn man diese Trumpfkarte ausspielt und von Anfang an One-Face-to-the-Candidate umsetzt und dies auch als Vorteil kommuniziert (auf der Website, in Stellenanzeigen etc.). Nennen Sie Ihren Ansprechpartner für den Bewerbungsprozess, stellen Sie diese Person kurz vor und punkten Sie mit Ihrer persönlichen Betreuung.

Wichtigkeit von harten Faktoren nimmt ab KMUs müssen gar nicht erst versuchen, sich mit den harten Faktoren mit großen Konzernen zu messen, da es eine klare Tendenz gibt, dass harte Faktoren wie beispielsweise das Gehalt an Relevanz für die Arbeitgeberwahl verlieren, während weiche Faktoren wie das Betriebsklima an Relevanz für die Arbeitgeberwahl gewinnen. Im Jahr 2004 war das Thema Gehalt noch das zweitwichtigste Kriterium der Arbeitgeberwahl und im Vergleich dazu das Betriebsklima nur das drittwichtigste Thema. 2014 zeigt die gleiche Studie, dass das Thema Gehalt nur noch auf Platz 3 liegt, während das Betriebsklima auf Platz 1 gestiegen ist (vgl. Weitzel et al. 2015b, S. 8–9). Folglich haben KMUs die Chance, sich mit diesem Thema zu profilieren – und dies kann sehr gut in Bewerbungsprozessen gezeigt werden.

Geringes Risiko – also Devise: mutig sein! Große Konzerne haben neben dem hohen Unternehmens- und Arbeitgeberimage auch eine hohe Medienpräsenz. Wenn bei einem DAX-Konzern mal die Karriere-Webseite ausfallen sollte, das Bewerber-Tool nicht klappt oder man sich bei der Motivwahl einer Arbeitgeber-Kampagne nicht gut beraten hat, dann ist die Resonanz relativ groß und laut. Sofort gibt es genug Tweets und Posts darüber und Spott und Häme ist gewiss. Nicht aber so im Mittelstand. Wenn es da mal eine kommunikative Panne geben sollte, dann bekommen es zwar ein paar Bewerber mit, aber der Image-Schaden bleibt überschaubar. Das soll nicht bedeuten, dass man sich um seinen guten Ruf als Arbeitgeber (als Mittelständler) keine Gedanken mehr machen sollte – im Gegenteil. Aber man kann sich mit gutem Gewissen auch mal das eine oder andere trauen, wozu große Konzerne nicht in der Lage sind – auch wenn sie es sicherlich gerne machen würden. Sie können provokant sein, Sie können offen zu Ihren Nachteilen[2] stehen und vieles mehr.

12.4 Weitere Anregungen

Es gibt eine Handvoll Anregungen, mit welchen KMUs meines Erachtens punkten können und welche problemlos von den meisten KMUs umgesetzt werden können. Sicherlich gibt es bei einigen Beispielen einen gewissen Initial-Aufwand, aber dafür kann man sich in überschaubarem Maß Experten ins Boot holen.

---

[2] Als Praxisbeispiel sei hier die Firma//Seibert/Media GmbH genannt: www.seibert-media.net, welche schön und proaktiv auf die eigenen Schwächen eingeht.

Mit Geschwindigkeit punkten In KMUs kann man deutlich schneller agieren als in großen Konzernen, da es weniger Hierarchien gibt und weniger Personen, die am Einstellungsprozess beteiligt sind (Lüerßen und Stickling 2013). Nutzen Sie dies und werben Sie damit offensiv auf der Karriere-Website und in Stellenanzeigen. Mehr als zwei Drittel aller Bewerber warten länger als drei Wochen auf eine verbindliche Rückmeldung zu Ihrer Bewerbung – oder bekommen sie erst gar nicht (vgl. YouGov 2014). Bei zwei Arbeitgebern, die ein Bewerber gleich attraktiv findet, kann die Geschwindigkeit des Bewerbungs- und Entscheidungsprozesses ein gutes Argument für einen Bewerber sein, sich für das schnellere Unternehmen zu entscheiden, gemäß der Redensart „Lieber ein Spatz in der Hand, als eine Taube auf dem Dach".

Mitarbeiter-Empfehlungsprogramme nutzen Einer der effektivsten und trotzdem vergleichsweise günstigen Recruiting-Kanäle wird leider noch viel zu selten genutzt (vgl. Trost und Berberich 2012). Ein Mitarbeiter-Empfehlungsprogramm, bei welchem Mitarbeiter Freunde und Bekannte dazu bringen, sich bei dem Unternehmen zu bewerben. Wird dieser Freund oder Bekannte dann eingestellt, gibt es für den Mitarbeiter eine Prämie. Diese Programme haben den Vorteil, dass die empfohlenen Bewerber in der Regel schon ein sehr realistisches Bild vom Unternehmen haben und die Erwartungshaltung sozusagen geeicht wurde. Daneben sind empfohlene Mitarbeiter nach dem Bewerbungsprozess leichter in den Unternehmensalltag zu integrieren (vgl. Schwartz 2013). Es sind also gleich mehrere Faktoren, die dazu führen, dass Bewerber, die durch ein Mitarbeiter-Empfehlungsprogramm kommen, sehr wahrscheinlich eine bessere Candidate Experience haben werden.

Beziehen Sie Geschäftsführer, Gründer und Gesellschafter ein Ich habe schon beide Seiten kennen gelernt – sowohl die großer internationaler Konzerne, als auch die Seite des kleinen und überschaubaren Mittelstands. Es gibt kaum ein Mittel, mit dem Sie mehr flache Hierarchien zeigen, als dadurch, den Geschäftsführer und oder Gesellschafter gut in den Recruiting-Prozess und ins Personalmarketing einzubeziehen. Und das geht in einem mittelständischen Unternehmen deutlich besser, unbürokratischer und schneller als bei einem großen Konzern. Das wird eventuell nicht bei jedem Bewerber der Fall sein, aber zumindest bei den Zweitgesprächen, sollte diese Idee bedacht werden. Der Bewerber fühlt sich wertgeschätzt und es zeigt tatsächlich, dass die Hierarchien angenehm flach sind.

12.5   Fazit

Wer nach guten Praxisbeispielen im Personalmarketing und Recruiting sucht, wird nur selten bei mittelständischen Unternehmen fündig. Genauso sieht es momentan noch im Bereich Candidate Experience aus. Dabei sind die Voraussetzungen dafür in den meisten mittelständischen Unternehmen durchaus gegeben. Eine persönlichere Betreuung, gelebte flache Hierarchien und deutlich weniger Bürokratie sind allesamt Vorzüge, mit denen der Mittelstand punkten könnte. Man muss es nur im Sinne eines systematischen Candidate Experience Managements durch die einzelnen Kontaktpunkte durchdeklinieren. Ich bin mir sicher, dass sich in naher Zukunft die ersten Best Practices aus dem Mittelstand zum Thema Candidate Experience zeigen werden, die genau durch die genannten Vorteile punkten werden.

Literatur

Günterberg, B., & Wolter, H. J. (2003). Institut für Mittelstandsforschung Bonn – Unternehmensgrößenstatistik 2001/2002, IfM-Materialien Nr. 157. http://www.ifm-bonn.org//uploads/tx_ifmstudies/IfM-Materialien-157_2003.pdf. Zugegriffen: 15. Mai 2015.

Lüerßen, H., & Stickling, E. (2013). Recruiting in Deutschland 2013 – Erfolgsfaktoren und Strategien für die Zukunft des Mittelstandes, Personalwirtschaft (Hrsg.), Mercuri Urval, Promerit, Stepstone, Westpress.

Schwartz, N. (2013). In hiring, a friend in need is a prospect, indeed. *New York Times*. http://www.nytimes.com/2013/01/28/business/employers-increasingly-rely-on-internal-referrals-in-hiring.html?pagewanted=all&_r=1. Zugegriffen: 15. Mai 2015.

Trost, A., & Berberich, M. (2012). Die MEP-Studie: Recruiting mit hoher Trefferquote, in Personalwirtschaft (Hrsg.) 06/2012, S. 26–28. http://www.armintrost.de/tl_files/dateien/Trost_Berberich_2012.pdf. Zugegriffen: 15. Mai 2015.

Weitzel, T., et al. (2015a). Recruiting Trends im Mittelstand 2015, Centre of Human Resources Information Systems – Otto-Friedrich Universität Bamberg und Monster Worldwide Deutschland GmbH.

Weitzel, T., et al. (2015b). Bewerbungspraxis 2015, Centre of Human Resources Information Systems – Otto-Friedrich Universität Bamberg und Monster Worldwide Deutschland GmbH.

YouGov. (2014) im Auftrag der 22Connect AG (Hrsg.) „Erwartungen von Bewerbern", (06/2014). http://blog.talentsconnect.com/yougov-studie-bewerbungen/ (Auszug). Zugegriffen: 16. Mai 2015.

Tim Verhoeven   leitet das Recruiting und Personalmarketing bei der Unternehmensberatung BearingPoint. Zuletzt war er als Personalleiter für sämtliche Personalangelegenheiten des Modekonzerns TKN verantwortlich und davor hat er mehrere Stationen durchlaufen in den Bereichen Recruiting und Personalmarketing u. a. beim internationalen Kommunikationskonzern Vodafone und dem Marktführer im Bereich der elektrischen Verbindungstechnik Weidmüller. Er ist ein Vorreiter in Deutschland zum Thema Candidate Experience – als Berater, Blogger (NochEinPersonalmarketingBlog), Autor und Redner.

Praxistipps und Beispiele für alle Kontaktpunkte

13

Eine Sammlung praktischer Empfehlungen, wie man mit überschaubarem finanziellem und personellem Aufwand die Candidate Experience seiner Bewerber deutlich verbessern kann

Tim Verhoeven

Inhaltsverzeichnis

13.1 Einleitung 140
13.2 Tipps vor dem Bewerbungsprozess 140
13.3 Tipps für den Bewerbungsprozess 141
13.4 Tipps nach dem Bewerbungsprozess 146
13.5 Fazit 148
Literatur 148

Zusammenfassung

Nur wenige Unternehmen in Deutschland haben bisher ein systematisches Candidate Experience Management eingeführt oder ihre Prozesse gemäß den Grundlagen von Candidate Experience ausgerichtet. Es mangelt dementsprechend an Praxisbeispielen, an denen man sich orientieren kann. Dem wird in diesem Kapitel Abhilfe geschafft mit einer Auflistung von verschiedenen Tipps und Beispielen, welche Maßnahmen ohne überdimensionalen Aufwand erfolgreich umgesetzt werden können.

T. Verhoeven (✉)
BearingPoint, Speicherstr. 1, 60327 Frankfurt am Main, Deutschland
E-Mail: tim.verhoeven@bearingpoint.com

© Springer Fachmedien Wiesbaden 2016
T. Verhoeven (Hrsg.), *Candidate Experience,* DOI 10.1007/978-3-658-08896-5_13

13.1 Einleitung

Nachdem sowohl idealtypisch als auch aus Praxissicht gezeigt wurde, wie man ein Candidate-Experience-Projekt angehen kann, folgen nun ein paar einfach umzusetzende Tipps und Beispiele, die ich alle schon persönlich genutzt habe und die allesamt zur Bewerberzufriedenheit beigetragen haben. Allen Tipps ist gemeinsam, dass sie relativ einfach praktisch umzusetzen sind und dass keiner dieser Tipps ein großes Loch in Ihr Personalmarketing- oder Recruiting-Budget reißen wird.

Fast alle Tipps sind so allgemeingültig definiert, dass sie in jeden Prozess eingebunden werden könnten und sich gut in alle weiteren Maßnahmen integrieren lassen. Gleichzeitig kann man die meisten Ideen hier auch als Anregung verstehen – die nicht genau eins zu eins umgesetzt werden müssen, aber an denen man sich orientieren kann und gegebenenfalls nur einen Teil davon übernimmt beziehungsweise adaptiert.

13.2 Tipps vor dem Bewerbungsprozess

Bevor es zum eigentlichen Bewerbungsprozess kommt, haben Bewerber vor allem Informationsbedarf. Sie wollen wissen, was sie bei einem Job erwarten würde und genau so auch, was sie im kommenden Bewerbungsprozess erwarten wird. Wichtig ist hier auf der einen Seite eine Einfachheit der Prozesse und auf der anderen Seite ein angemessener Umgang mit den Erwartungen der Bewerber – also idealerweise sollte eine realistische Erwartungshaltung der Bewerber erzeugt werden, welcher sowohl der eigentliche Bewerbungsprozess als auch der spätere Job in der Zukunft gerecht werden können.

Bewerbungs-FAQs (Frequently Asked Questions)
Es gibt schon erste Unternehmen, die dieses einfache Tool nutzen, um Bewerbern Hilfestellungen zu geben – sie schreiben Bewerbungs-FAQs, in welchen sie Bewerbern ein paar hilfreiche Tipps geben. Insbesondere das unerfahrenere Publikum, wie Schüler und Studenten nimmt dies sehr bereitwillig an. Nicht nur, dass man somit Bewerbern eine gewisse Orientierung gibt, wie sie sich bewerben sollten – es verbessert auch die Qualität der Form der Bewerbungen nachhaltig.

Man muss dazu das Rad nicht immer neu erfinden, sondern kann sich da mit gutem Gewissen auf gängige Internetseiten und Print-Ratgeber verlassen.

Neben Bewerbungstipps können Sie die FAQs auch sehr gut dafür nutzen, um den Bewerbungsprozess zu skizzieren. Abbildung 13.1 zeigt eine schöne Umsetzung dieses Parts der Beiersdorf AG auf der Karriereseite des Unternehmens. Dort werden sowohl die verschiedenen Auswahl-Phasen kurz vorgestellt, als auch die zu erwartende Dauer für jede Phase – so sieht gutes Erwartungsmanagement aus.

Persönlicher Ansprechpartner
Bewerbungen sind aus Sicht von Bewerbern leider häufig geprägt durch ein hohes Maß an Anonymität. Man bewirbt sich über Bewerbermanagement-Systeme und weiß in der Re-

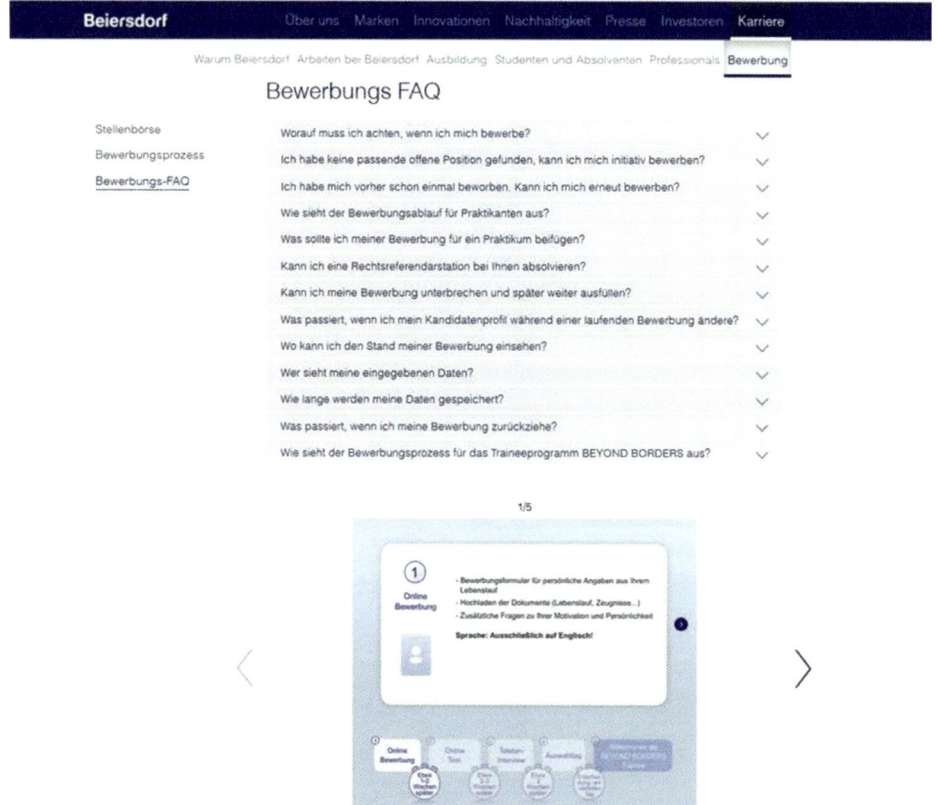

Abb. 13.1 Beiersdorf Bewerbungs-FAQ. (Quelle: http://www.beiersdorf.de/karriere/bewerbung/ bewerbungs-faq. Zugegriffen: 14.05.2015)

gel nicht, wer sich beim Unternehmen dahinter versteckt. Mit etwas Glück ist zumindest ein Ansprechpartner in einer Stellenanzeige zu finden. Besser ist es jedoch, wenn man auf der Karriere-Seite schon konkrete Ansprechpartner nennt beziehungsweise kurz vorstellt; beispielsweise mit Link auf Xing oder das LinkedIn-Profil wie in Abb. 13.2 auf der Karriereseite von Bertelsmann. Diese Person sollte dann auch während des Bewerbungsprozesses Ansprechpartner sein – im Sinne von „One Face to the Customer" gilt hier „One Face to the Candidate".

13.3 Tipps für den Bewerbungsprozess

Während des Bewerbungsprozesses wollen Bewerber prüfen, in wie weit sie zu dem Unternehmen passen. Als Bewerber hat man in der Regel einige Zeit in die Aufbereitung seiner Bewerbungsunterlagen gesteckt und möchte auch, dass Unternehmen sich Zeit für die eigene Bewerbung nehmen.

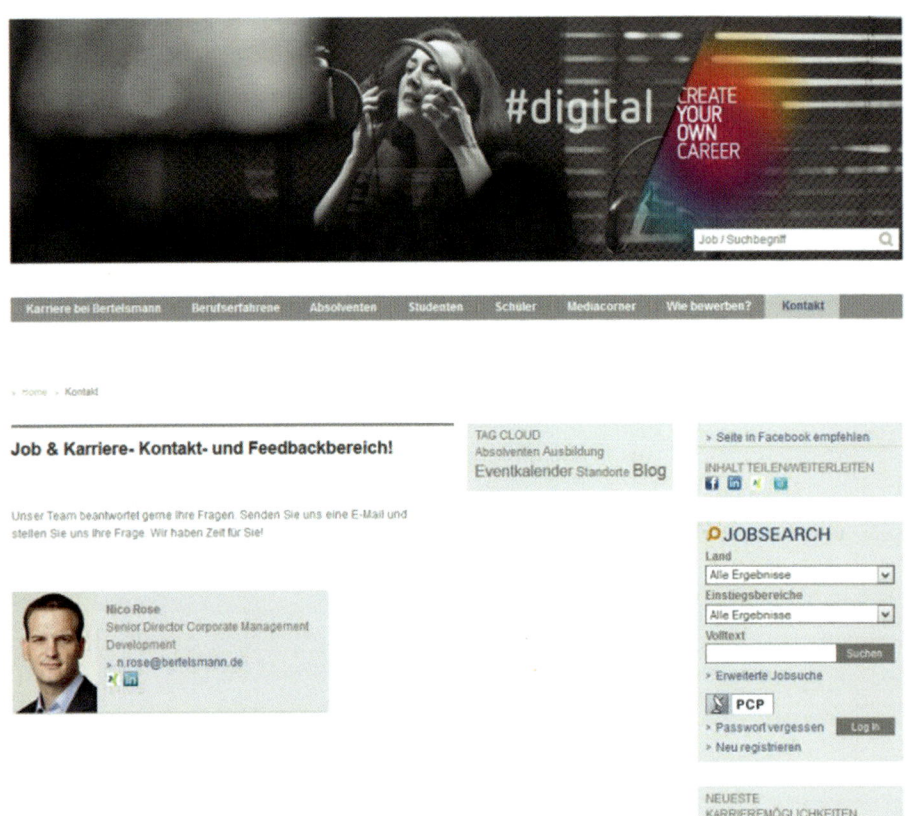

Abb. 13.2 Bertelsman- Ansprechpartner. (Quelle: http://createyourowncareer.de/Kontakt.html. Zugegriffen: 04.05.2015)

Mini-CV

Bewerbungsgespräche sind in der Regel immer von einem subjektiven Ungleichgewicht an Macht und Information geprägt. Das Unternehmen hat einen Lebenslauf, ein Motivationsschreiben und eine beliebige Auswahl an Zeugnissen, Zertifikaten etc. Bewerber haben häufig nicht einmal einen Überblick darüber, wer genau alles an dem Gespräch teilnimmt.

Bewerber haben aber ein natürliches Bedürfnis, dieses Ungleichgewicht möglichst auszugleichen. Sie fragen jeden Kontakt über Insider-Informationen und versuchen über Xing oder LinkedIn etwas über den Gesprächspartner zu erfahren (möglichst ohne Spuren zu hinterlassen – indem man sich vorher ausloggt). Mal Hand aufs Herz – die lieben Recruiter unter Ihnen wissen, was ich meine. Spätestens drei Stunden vor dem Vorstellungsgespräch bekommt man immer einen Besuch auf seinem XING-Profil. Obwohl dieses Verhalten allseits bekannt ist, kenne ich kaum Unternehmen, die proaktiv auf dieses Bedürfnis von Bewerbern reagieren.

Eine Möglichkeit, um ein Informations-Gleichgewicht herzustellen liegt im Versand von Mini-Profilen der Gesprächsteilnehmer an den Bewerber. Hier reicht eine Din-A4-Seite mit ein paar kurzen Fakten über die Gesprächsteilnehmer – eventuell mit der einen oder anderen persönlichen Anekdote. „Was wäre er geworden, wenn er nicht das geworden wäre, was er ist?", „Was ist seine größte Marotte?".

Die alternative Vorstellung

Am Anfang eines Vorstellungsgespräches steht in der Regel (beziehungsweise im besten Fall) eine kurze Vorstellungsrunde der Unternehmensvertreter. Warum sollte man als Arbeitgeber nicht auch hier schon versuchen, einen Wow-Effekt zu erzielen? Dieser Teil ist in der Regel nicht übermäßig standardisiert und strukturiert – dies sollte geändert werden.

Ein Organigramm beispielsweise kann sowohl die Team-Konstellation gut zeigen, als auch die Einordnung des Teams in das gesamte Unternehmen. Häufig werden solche Punkte zwar verbal erklärt, aber Organigramme sind einfacher zu merken, wenn sie visualisiert sind. Aus Datenschutzgründen, kann man ein anonymisiertes Organigramm nehmen, in welchem nur Funktionen abgebildet sind.

Genauso stellt sich die Frage nach einer Vorstellung des Unternehmens, welche einher geht mit der Zeichnung der Arbeitgebermarke. Damit dabei Personalbereich und Fachbereich die gleiche Sprache sprechen, ist es meiner Erfahrung nach hilfreich, wenn man ein paar Zahlen, Daten, Fakten und Kernaussagen der Employer Value Proposition niederschreibt und dem Fachbereich zur Verfügung stellt. Ansonsten wird in Vorstellungsgesprächen auch manchmal ein unterschiedliches Bild von Fachbereich und Personalbereich gezeichnet – und die Arbeitgebermarke muss von beiden Seiten konsistent gezeichnet werden, um authentisch zu wirken.

Getränke-Auswahl

Nicht nur Liebe geht durch den Magen, sondern auch die Candidate Experience. Arbeitgeber versuchen sich bei Bewerbern häufig mit einer möglichst einzigartigen Employer Value Proposition zu positionieren. Umso erstaunlicher ist es, dass sich die meisten Unternehmen bei der Auswahl der Getränke bei Bewerbungsgesprächen gleichen wie ein Ei dem anderen. Die klassische Getränke-Auswahl bei Vorstellungsgesprächen sieht wie folgt aus: Wasser (idealerweise still und sparkling), Kaffee (mit Kaffeesahne, Zucker und Süßstoff zur Auswahl), diverse Limonaden der Coca-Cola Company und eventuell noch ein Saft.

Die erste Frage, die ich hier stellen muss: Warum gibt es keine Soja-Milch oder laktosefreie Milch? 15 % aller Deutschen und bei Nicht-Europäern in der Regel mehr als 50 % der Bevölkerung haben eine Laktose-Unverträglichkeit (vgl. Pribila 2000). Hinzu kommen noch Veganer und Menschen, die aus anderen Gründen auf Kuhmilch verzichten. Hier kann man mit sehr geringem finanziellen Aufwand direkt ein positives Signal setzen.

Daneben sollte man sich die Frage stellen, wie weit die Getränkeauswahl zur eigenen Arbeitgebermarke passt. Wenn man beispielsweise ein modernes, junges Unternehmen ist, dann könnte die oben genannte, etwas biedere Getränkeauswahl eine Diskrepanz bei Bewerbern hervorrufen. Warum also nicht einmal versuchen, alternative Getränke anzubieten. Von Club-Mate, über diverse Bionaden bis hin zu vielen alternativen koffeinhaltigen Limonaden, wie fritz-kola oder Afri-Cola. Wenn man hingegen ein Unternehmen ist, welches viel Wert auf regionale Wurzeln und Nachhaltigkeit legt, kann man auch sehr gut regionale Anbieter von Wasser, Limonade oder Säften nutzen. Häufig sind Alternativen auch nicht sonderlich teurer als die oben genannten Produkte – dazu in einigen Fällen auch noch gesünder (wenn beispielsweise ein regionales Mineralwasser genommen wird, anstatt eines teuren aber ungesunden Tafelwassers).

Willkommensbrief bei Assessment-Centern
Manchmal sind es die kleinen Gesten, welche Bewerbern in Erinnerung bleiben. Genau so haben wir es bei Assessment-Centern bei einem meiner ehemaligen Arbeitgeber gemacht. Wenn wir größere und/oder mehrtägige Assessment- Center hatten, haben wir allen Bewerbern zu deren Informationsunterlagen (meistens auf deren Zimmer im Tagungshotel oder ähnlichem) eine kurze handgeschriebene Willkommensbotschaft hinterlegt. Ein kurzer handgeschriebener Standardtext individuell mit Namen hinterlegt – und schon wirkt es sehr individuell und hebt sich positiv ab. Der Aufwand dabei liegt mit unter einer Minute pro Bewerber sehr gering und sollte von jedem Arbeitgeber umsetzbar sein.

Next-Steps-Mappe
Jedes noch so gut laufende Bewerbungsgespräch ist trotzdem eine stressige Situation für Bewerber. Je mehr sich das Gespräch dem Ende nähert, desto länger wird die stressige Phase. Dies führt hin und wieder dazu, dass Bewerber am Ende des Gespräches nicht mehr ganz so aufnahmefähig sind – was absolut menschlich ist.

Am Ende des Gespräches ist es die Aufgabe des Unternehmens, die nächsten Schritte aufzuzeigen. Wie lange dauert es, bis man ein Feedback bekommt? Wer gibt das Feedback? Was inkludiert das Feedback? Was folgt nach dem Feedback – weitere Gespräche? Was ist, wenn das Feedback nicht rechtzeitig kommt – soll der Bewerber dann nachfragen? Wie lange wird der weitere Prozess noch dauern und wie sieht dieser aus?

Bei so vielen, insbesondere für den Bewerber wichtigen Fragen ist es natürlich, dass immer mal etwas vergessen wird oder man als Bewerber im Nachhinein durcheinanderkommt. Deswegen ist es sehr hilfreich, wenn man Bewerbern am Ende des Bewerbungsgesprächs eine kurze Mappe mitgibt, die alle Punkte, die man besprochen hat, zusammenfasst. Diese Mappe kann man dann auch gleich noch mit weiterem Informationsmaterial über den Arbeitgeber anreichern – so hat der Bewerber schon direkt auf dem Rückweg die Möglichkeit, das Bewerbungsgespräch zu verarbeiten und sieht dabei Positives von seinem potenziellen Arbeitgeber.

Kennenlernen des Teams
Jeder Bewerber stellt sich im Laufe eines Bewerbungsverfahrens folgende Frage: Kann ich mir vorstellen, mit den Personen, die ich im Laufe des Bewerbungsverfahrens kennen-

gelernt habe, einige Jahre intensiv zusammenzuarbeiten. Damit zusammenhängend wird dann häufig beurteilt, wie authentisch sich ein Arbeitgeber präsentiert hat. Ein Bewerbungsgespräch ist in jedem Fall eine künstliche Situation, welche in den aller seltensten Fällen einen komplett authentischen Einblick liefert, wie die Arbeit im Unternehmen abläuft – selbst wenn sich alle Teilnehmer Mühe geben. Soziologisch betrachtet befindet man sich in einem sozialen System mit eigenen (evtl. unausgesprochenen) Regeln. Alle Seiten versuchen, sich bestmöglich selbst zu vermarkten. Der Arbeitgeber versucht gleichzeitig auch zu analysieren, inwieweit der Bewerber zu einem gesuchten Profil passt. Dann hat man auch noch zwei Autoritätsinstanzen: den Personalbereich und den potenziellen Chef.

Die Lösung, wie man trotzdem einen authentischen und weniger autoritären Eindruck vermittelt: Kandidaten, die man besonders begeistern möchte, gibt man die Möglichkeiten, das potenzielle Team (oder zumindest einen Teil davon) kennenzulernen – ohne Vorgesetzten und auch ohne Personalabteilung. Am besten noch an einer informellen Lokalität, wie der Mitarbeiter-Kantine oder eine vergleichbare Lokalität. Meiner Erfahrung nach kommt dies sowohl bei Bewerbern als auch dem Team sehr gut an und hat bei vielen Bewerbern nach eigener Aussage den letzten Ausschlag gegeben.

Machen Sie die Bewerbungsphase interessant!
Es gibt eine Vielzahl von Möglichkeiten, wie man Vorstellungsgespräche oder andere Auswahlmethoden interessant gestalten kann. Nutzen Sie aktuelle Ansätze aus dem Bereich Recrutainment oder Gamification, indem Sie diagnostische Methoden in einen interessanteren und teilweise spielerischen Kontext packen[1].

Oder überlegen Sie sich für das nächste Vorstellungsgespräch eine interessante Szenario-Frage oder einen Business Case, die der Bewerber beantworten und gegebenenfalls erst noch bearbeiten soll. Besonders empfehlen kann ich in diesem Kontext sowohl aus eignungsdiagnostischer Sicht als auch mit Blick auf die Candidate Experience die sogenannte Critical Incident Technique. Hierbei wird der Bewerber in ein Szenario gebracht, welches eine erfolgskritische Situation darstellt. Bei einem Bewerber für den Kundendienst beispielsweise ein Szenario, in welchem er auf einen sehr aufgebrachten Kunden trifft. Diese Methode hat in der Regel einen sehr hohen Stellenbezug, was den meisten Bewerbern gefällt. Sprechen Sie am besten mit der jeweiligen Fachabteilung – dort kennt man in der Regel genug erfolgskritische Situationen.

---

[1] Wer tiefergehende Informationen über die Möglichkeiten von Recrutainment und Gamification sammeln möchte, dem empfehle ich das Buch „Recrutainment – Spielerische Ansätze in Personalmarketing und -auswahl; Herausgeber: Diercks, Joachim, Kupka, Kristof (Hrsg.)".

13.4 Tipps nach dem Bewerbungsprozess

Bei der Situation nach dem eigentlichen Bewerbungsprozess – welchen ich hier mit der finalen Entscheidung gleichsetze, ob ein Bewerber eingestellt wird oder eine Absage bekommt – gibt es zwei unterschiedliche Gruppen die betrachtet werden müssen. Zum einen die Bewerber, die eine Absage bekommen und zum anderen die Bewerber, die eine Zusage bekommen.

Feedback
Eines der am kontroversesten diskutierten Themen der letzten Jahre ist das Thema Feedback an Bewerber. Nicht erst seit der Einführung des sogenannten Allgemeinen Gleichbehandlungsgesetzes (AGG) aus dem Jahre 2006 (Erstfassung) halten sich Unternehmen deutlich zurück bei diesem Thema. Noch immer möchten sich viele Arbeitgeber rechtlich nicht angreifbar machen und minimieren ihr Feedback oder verzichten lieber gleich auf das Feedback (vgl. Crispin et. al. 2014, S. 27).

Wenn man sich jedoch genauer mit dem AGG und der aktuellen Rechtsprechung zum AGG beschäftigt, wird man schnell merken, dass es keinen Grund gibt, als Arbeitgeber mit Feedback zu geizen, sofern man sich an ein paar grundlegende Feedback-Regeln hält.

Solange man nur Verhalten während des Vorstellungsgespräches bewertet, ist man auf der rechtlich sicheren Seite und dazu kann man dann auch Feedback geben. Einzige Einschränkung: Solange das Verhalten nicht durch eine mögliche Behinderung, Erkrankung oder ähnliches hervorgerufen wird. Ein kurzes Training zum Thema Feedback-Geben und ein kurzer Leitfaden in die Hand des Feedback-Gebers und schon steht einem professionellen Feedback nichts mehr im Wege. Damit das Feedback seine positive Wirkung entfalten kann, müssen jedoch ein paar Dinge beachtet werden. Das Feedback muss relativ unmittelbar erfolgen – damit sich der Bewerber noch an die Feedback-Situation erinnern kann. Das Feedback muss zwingend von einer Person kommen, die am Bewerbungsgespräch teilgenommen hat.

Die Absage/persönliche E-Mail-Adresse
Ein leidliches Thema, was bei den meisten Unternehmen nicht ganz weit oben in der Priorität steht, aber alleine quantitativ den größten Einfluss hat – die Absage. Wenn wir davon ausgehen, dass wir für eine Position 40 Bewerbungen bekommen, lädt man für die erste Auswahlrunde sechs Personen ein. Weitere vier Personen lässt man „on hold" und dem Rest sagt man ab. Wenn man dann den Absageprozess schlecht durchführt, vergrault man mindestens 75 % seiner Bewerber auf diese Position. Wenn man dann auch noch die Zahlen von diversen Studien inkludiert, nach denen ein Bewerber mit sehr negativer Candidate Experience diese Erfahrung häufig in seinem persönlichem Netzwerk teilt, dann sieht man das verheerende Ausmaß.

Für die meisten Unternehmen sind standardisierte Absageschreiben unumgänglich, weil sonst die Masse an Bewerbungen nicht bearbeitet werden könnte. Trotzdem gibt es einen himmelgroßen Unterschied zwischen der Qualität dieser Schreiben und dementsprechend auch zwischen der Wirkung, die solche Schreiben auf Bewerber haben. Schreiben Sie keine marketing-weichgewaschene Standard-Formulierung, sondern schreiben Sie wie ein Mensch, dem Sie im Rahmen eines persönlichen Gesprächs ein Feedback geben und formulieren Sie damit ihr Schreiben. Schreiben Sie auch nicht unter dem Namen „Die Personalabteilung" oder „Ihr Recruiting-Team", sondern mit einem echten Namen. Je persönlicher und deswegen auch individueller und weniger standardisierter die Absage wirkt, desto weniger frustrierend für den Bewerber. Anonymisierte und standardisierte Absagen bekommen Bewerber allemal genug (vgl. Crispin et al. 2014, S. 27). Eine Absage führt durch ihre Funktion schon zu Frust, Enttäuschung, Trauer und auch anderen negativen Gefühlen – lassen Sie es nicht zu, dass die Form der Absage ihren Beitrag dazu leistet.

Geben Sie Ihren Bewerbern die Möglichkeit, ein Feedback einzufordern, warum sie nicht für die nächste Bewerbungsrunde infrage gekommen sind. Dies nutzt meiner Erfahrung nach nur ein Bruchteil der Bewerber – aber es ist ein positives Signal, dass man sich mit der Bewerbung beschäftigt hat.

Einladung für ein Wochenende
Candidate Experience endet nicht erst nach dem Vorstellungsgespräch. Insbesondere wenn man Bewerber hat, die für einen Jobwechsel über eine weitere Entfernung umziehen müssten, hat man als Arbeitgeber immer die Unsicherheit, ob die Bewerber wirklich dazu bereit sind. Wer kennt nicht die Situation, dass Bewerber dann beim Vertragsangebot doch noch kalte Füße bekommen – insbesondere wenn ein Umzug mit dem Jobwechsel einhergehen müsste. Ein Umzug ist für Bewerber eine große Veränderung und wirkt in der Regel umso bedrohlicher, je näher die Entscheidung kommt.

Wenn man einen Bewerber hat, dem man möglicherweise schon ein konkretes Angebot gemacht hat, aber der noch unsicher ist wegen des Umzugs, dann sollte man hier aktiv werden. Spendieren Sie dem Bewerber und gegebenenfalls auch seinem Partner eine Übernachtung an Ihrem Standort an einem Wochenende und geben Sie ihm gleich noch ein paar Tipps und Broschüren von schönen Sehenswürdigkeiten oder schönen Stadtteilen. So haben Sie zwar einmal einen kleineren finanziellen Aufwand, aber der ist deutlich geringer, als wenn ihr Favorit doch absagt oder zusagt und dann in der Probezeit kündigt, weil ihm die Region doch nicht zusagt.

Kein Behördendeutsch
Viele Unternehmen haben sowohl auf deren Website als auch in Broschüren eine sehr bewerberzentrierte und eingängige Kommunikation, die leicht verständlich und möglichst prägnant ist. Dahingegen haben Unternehmen noch viele Grauzonen in der HR-Kommunikation, bei denen man eher an Behördendeutsch denkt, anstatt an wohlgewählte Markenkommunikation. Die Rede ist hier von Formblättern, Arbeitsverträgen etc. – also allem, was den Bewerber nach seiner Zusage erwartet.

13.5   Fazit

Die meisten hier gezeigten Beispiele sind relativ leicht umsetzbar und erfordern keine größeren Investitionen. Dies soll exemplarisch eine Grundidee der Umsetzung von Candidate Experience Maßnahmen darstellen – Man kann mit geringen Mitteln trotzdem viel erreichen. Mit einem endlosen Budget einen Teil seiner Candidate Experience zu verbessern, ist nicht sonderlich schwer. Mir ist jedoch bewusst, dass auch nach der Lektüre dieses Buches die Realität bei Ihnen anders aussehen wird. Jede Ausgabe muss sehr gut abgewogen und argumentiert werden. Da ist es meiner Erfahrung nach hilfreich, wenn man neben möglicherweise kostspieligeren Maßnahmen (beispielsweise der Einführung oder Optimierung eines bestehenden Bewerbermanagementsystems) auch noch eine Vielzahl von guten und günstigen Lösungen bereitstehen hat.

Wichtig hierbei: Sehen Sie diese Tipps als Quick-Wins – aber nicht als komplette Lösung für Ihre Candidate Experience. Auch wenn einzelne Maßnahmen, wie hier beschrieben, einen positiven Einfluss auf die Candidate Experience von Bewerbern haben – sie ersetzen kein systematisches Candidate Experience Management. Nur, wenn alle Maßnahmen einen konsistenten und positiven Eindruck beim Bewerber hinterlassen, wird er sich für Sie als Arbeitgeber entscheiden.

Literatur

Crispin, G., Burnett, M., Clayton, P., Dingee, K., Gotkin, B., Hudson, C., Murphy, J., Oravec, D., Orler, E., Sung, B., & Tice, D. (2014). The candidate experience report 2013 – a.k.a. „Candidate Experience 2013“.

Pribila, B., Hertzler, S., Martin, B., Weaver, M., & Savaiano, D. (2000). Improved lactose digestion and intolerance among African-American adolescent girls fed a dairy-rich diet. *Journal of the American Dietetic Association, 100*(5), 524–528.

Tim Verhoeven leitet das Recruiting und Personalmarketing bei der Unternehmensberatung BearingPoint. Zuletzt war er als Personalleiter für sämtliche Personalangelegenheiten des Modekonzerns TKN verantwortlich und davor hat er mehrere Stationen durchlaufen in den Bereichen Recruiting und Personalmarketing u. a. beim internationalen Kommunikationskonzern Vodafone und dem Marktführer im Bereich der elektrischen Verbindungstechnik Weidmüller. Er ist ein Vorreiter in Deutschland zum Thema Candidate Experience – als Berater, Blogger (NochEinPersonalmarketingBlog), Autor und Redner.

Ausblick und eine Bestandsaufnahme von Experten zum Thema Candidate Experience

14

So sehen weitere Experten aus der Personaler-Szene das Thema Candidate Experience und die Herausforderungen für das Thema in den nächsten Jahren

Wolfgang Brickwedde, Martin Gaedt, Henner Knabenreich, Bernd Kraft, Tim Verhoeven und Henrik Zaborowski

Inhaltsverzeichnis

14.1   Ein Meinungsbild   150
14.2   Meine Einschätzung   155

Zusammenfassung

Candidate Experience ist ein Thema, welches in den letzten Jahren in Deutschland so langsam angekommen ist. Noch gibt es jedoch nur eine Handvoll Unternehmen, die ein konkretes Candidate Experience Management eingeführt haben. Wie wird sich das Thema in den kommenden Jahren ändern und welche Herausforderungen werden

T. Verhoeven (✉)
BearingPoint, Speicherstr. 1, 60327 Frankfurt am Main, Deutschland
E-Mail: tim.verhoeven@bearingpoint.com

W. Brickwedde
Institute for Competitive Recruiting, Römerstraße 40, 69115 Heidelberg, Deutschland
E-Mail: WB@competitiverecruiting.de

M. Gaedt
cleverheads GmbH, Dessauer Straße 28/29, 10963 Berlin, Deutschland
E-Mail: martin.gaedt@cleverheads.eu

H. Knabenreich
knabenreich consult GmbH, Adolfsallee 11, 65185 Wiesbaden, Deutschland
E-Mail: henner@knabenreich-consult.de

© Springer Fachmedien Wiesbaden 2016
T. Verhoeven (Hrsg.), *Candidate Experience*, DOI 10.1007/978-3-658-08896-5_14

dabei zu erwarten sein? Zu diesen Fragen beziehen einige ausgewiesene HR-Experten in kurzen Statements Stellung.

14.1   Ein Meinungsbild

Das Thema Candidate Experience ist im deutschsprachigen Raum noch verhältnismäßig neu und findet erst so langsam die entsprechende Aufmerksamkeit und Akzeptanz. Wenige Experten prägen bisher das Bild – häufig weil sie Vorreiter sind oder weil sie das Thema schon aus dem englischsprachigen Ausland kennen. Eine Auswahl der meinungsprägendsten Experten in diesem Bereich kommt hier zu Wort und äußert sich zur Frage, wie sie die Zukunft des Themas Candidate Experience sieht und welche Herausforderungen in den nächsten Jahren für das Thema zu erwarten sind – in alphabetischer Reihenfolge der Autoren.

Wolfgang Brickwedde
Director Institute for Competitive Recruiting
www.competitiverecruiting.de
„Candidate Experience: Messbarkeit statt Fata Morgana"
Der Arbeitsmarkt dreht sich gerade massiv, in einigen Bereichen schneller als in anderen. Aber die Richtung ist klar: Wir bewegen uns von einem Arbeitgebermarkt hin zu einem Bewerbermarkt. Die Machtverhältnisse verschieben sich zugunsten der Bewerber. Vielleicht müssen wir uns sogar vom „Bewerber" verabschieden oder dem Wort eine neue Bedeutung geben? Wenn Arbeitgeber mehr und mehr mithilfe von Active Sourcing nach Kandidaten suchen – wer bewirbt sich da bei wem?

Über 90 % der Arbeitgeber haben laut den ICR Recruiting Reports schon seit einigen Jahren Schwierigkeiten bei der Besetzung ihrer Stellen. Arbeitgeberimage oder Employer Branding sind auf Platz 1 der wichtigsten Themen für Recruiting-Abteilungen. Im Moment scheint mir allerdings der Begriff „Candidate Experience", quasi die Umsetzung der Employer Brand im Recruiting-Prozess, wie eine Art Fata Morgana durch die Personallandschaft zu wabern: am fernen Horizont und doch nicht wirklich erreichbar. Viele Unternehmen sehen das Problem und wollen auch etwas tun, um die Beziehung zwischen Bewerbern und Arbeitgebern zu verbessern. Nicht aus Menschenliebe, sondern weil sie

B. Kraft
Monster Worldwide Deutschland GmbH, Ludwig-Erhard-Straße 14,
65760 Eschborn, Deutschland
E-Mail: info@monster.de

H. Zaborowski
Recruitingcoaching & -umsetzung, Hannenbusch 22 A,
51467 Bergisch Gladbach, Deutschland
E-Mail: hz@hzaborowski.de

erkannt haben, dass der gelebte Personalbeschaffungsprozess auch zur kommunizierten Employer Brand passen muss, will man die Talente auch morgen noch für sich gewinnen.

Die Herausforderungen für das Thema Candidate Experience in den nächsten Jahren sehe ich daher in einem „An-die-Hand-Nehmen" der Arbeitgeber, die eine Verbesserung wollen, ein „An-die-Hand-Nehmen" durch das Setzen von Standards und Qualitätsmerkmalen, anhand derer sich Arbeitgeber orientieren können. Benchmarks zeigen den eigenen Standort auf und geben konkrete Hinweise darauf, was zu verbessern ist. Ein gutes Mittel dafür sind die Candidate Experience Awards, die nicht nur einen nationale Vergleich sondern es auch über Grenzen hinweg ermöglichen, herauszufinden, wie man die Erfahrungen der Bewerber verbessern kann. Ein guter erster Schritt wäre es, wenn Personaler sich nur einmal spaßeshalber bei sich selber bewerben würden! Sie würden erkennen, dass ihre Jobs bei Google nicht zu finden sind, dass auf ihrer Unternehmens-Homepage der Karrierebereich nicht oder nur schwer zu finden ist, dass die ausgeschriebenen Stellenanzeigen nicht gerade die spannendsten sind und dass das Bewerbungsformular viel zu lang ist und dann auch noch zweimal aus technischen Gründen abbricht … Dann bekommt das Thema Candidate Experience ganz schnell eine höhere Bedeutung.

Wenn es jetzt geeignete Tools zur Messung und zum Vergleich der eigenen Aktivitäten zum Thema Candidate Experience geben würde, dann könnten Arbeitgeber umgehend mit der messbaren Verbesserung beginnen. Die Teilnahme an den kosten- und risikofreien Candidate Experience Awards ist der erste Schritt."

Martin Gaedt
Geschäftsführer cleverheads GmbH www.cleverheads.eu und Autor „Mythos Fachkräftemangel" www.martingaedt.de

„Veränderungen beginnen in den Köpfen und mit der Einstellung zu gewissen Themen – auch beim Thema Candidate Experience.

Alle Prognosen zum Fachkräftemangel der letzten 30 Jahre sind nicht eingetreten. Laut Spiegel-Online kommentiert Prognos-Volkswirt Oliver Ehrentraut seine eigene falsche Prognose so: Das Zahlenwerk sei bewusst als sich selbst widerlegende Prophezeiung gedacht. Täglich spielt ein mediales Orchester das Klagelied vom Fachkräftemangel. Unseriöse Zahlen werden kopiert und verbreitet. Der Verein Deutscher Ingenieure (VDI) hat jahrelang die Zahl der offenen Stellen mit sieben, die Zahl der arbeitslosen Ingenieure mit eins multipliziert. Gäbe es einen Ingenieursmangel, müsste der VDI dann so tricksen?

Ein unbekanntes Ingenieursbüro verloste 2014 unter allen passenden Kandidaten vier Tickets für das Heavy-Metall-Festival auf Wacken. Dort feiern überdurchschnittlich viele Ingenieure! Ein Rekord an guten Bewerbungen ging ein. Es geht um Attraktivität und Bekanntheit. Meßdorf. Altmark. ‚Als ich den Ort im Navi sah, habe ich mich erschrocken', gesteht der Azubi aus Essen. Sein Ausbilder, Lohnunternehmer in Sachsen-Anhalt, sagt selbstbewusst: ‚Passende Mitarbeiter zu finden, ist nicht vom Ort abhängig, sondern von der eigenen Haltung.'

Über 42 Millionen Arbeitnehmerinnen und Arbeitnehmer in Deutschland. Ein Rekord! Bekannte Konzerne bekommen immer mehr Bewerbungen. In einem einzigen Unternehmen landen 250.000 Bewerbungen für 1400 Plätze. Falsch verteilt! Bewerber beschleicht längst ein berechtigter Zweifel am angeblichen Mangel, denn sie erleben keine wachsende Wertschätzung. Viele Bewerbungen bleiben unbeantwortet. Bewerben Sie sich einfach mal inkognito in Ihrem eigenen Unternehmen. Sind Sie mit den Reaktionen zufrieden? Wie lange müssen Sie warten? Fühlen Sie sich willkommen?

Candidate Experience wird zukünftig eine der Möglichkeiten, insbesondere des Mittelstands, sein, sich zu differenzieren.

Warum bekommen 14.400 Konzerne immer mehr Bewerbungen und 3,5 Mio. Betriebe immer weniger? Ist Ihr Unternehmen sichtbar, erlebbar, spürbar? Wer empfiehlt Sie? Kunden? Mitarbeiter? Erwarten Sie auf langweilige Stellenanzeigen hochmotivierte Kandidaten? Wissen Sie, wer sich *NICHT* bei Ihnen bewirbt? Sprechen Sie Bewerber aktiv an? Überraschen Sie Bewerber positiv?

Begeistern Sie Ihre Bewerber!

Warum ist Jobsuche und Berufswahl nicht so unterhaltsam wie Musik, sondern negativ belegt?

Was machen Sie im Recruiting anders? Welche Experimente? Haben Sie ein Alleinstellungsmerkmal im Personalmarketing? Sortiert Ihr Bewerbermanagement-System systematisch interessante Persönlichkeiten aus? Warum bekommen die meisten GUTEN Bewerber Absagen? Warum lassen Sie GUTE Bewerber SCHLECHT über Ihr Unternehmen reden?

Diese Fragen müssen Sie sich stellen – und für sich und Ihr Unternehmen beantworten. Ein systematisches Candidate Experience Management kann eine mögliche Lösung auf die Probleme sein. Aber auch das ist nur ein Anfang, denn den Fokus wieder auf die Bewerber und deren Bedürfnisse zu legen, muss erst einmal in den Köpfen ankommen."

Henner Knabenreich

Geschäftsführer von knabenreich consult GmbH www.knabenreich-consult.de und Blogger auf www.personalmarketing2null.de

„Eigentlich sollte es selbstverständlich sein, dem Bewerber den roten Teppich auszurollen. Stattdessen muss er in vielen Fällen mit Stacheldraht bewehrte Mauern durchdringen, um nur überhaupt einen Fuß in die Tür zu bekommen. Viele Unternehmen sind nämlich weit davon entfernt, ihm die Wertschätzung entgegenzubringen, die er verdient. Denn insbesondere die Hochqualifizierten oder die in einem engen Arbeitsmarkt können sich den Arbeitgeber aussuchen. Was vielen Unternehmen nicht bewusst zu sein scheint. Und so brechen sie in ein lautes Wehklagen aus und rufen ‚Fachkräftemangel!'. Dabei nutzen sie längst nicht alle zur Verfügung stehenden Ressourcen.

Strategisches Personalmarketing ist, obwohl überlebenswichtig für Unternehmen, meist eher selten. Was dazu führt, dass Recruiting & Co. nebenher erfolgen. Dafür einen Mitarbeiter beziehungsweise eine eigene Abteilung? Meistens Fehlanzeige. Ein Budget, mit dem sich etwas auf die Beine stellen lässt? Ebenso. Leidenschaftliche Recruiter, die über das notwendige Know-how verfügen, bereit sind, sich mit neuen Technologien und dem Werteverständnis nachfolgender Generationen auseinanderzusetzen? Auch das trifft man eher selten. Nicht zu vergessen: Die Beteiligten selbst müssen für ihr Selbstverständnis als Recruiter kämpfen.

Niemand sagt, dass es leicht ist, Bewerber zu gewinnen. Genau, wie Sie um Ihren Traumpartner werben müssen, so müssen Sie auch um Ihre Kandidaten werben. Und vom ersten Moment an zeigen, dass es Ihnen ernst ist. Zum Beispiel mit einer Wertschätzung ausdrückenden Stellenanzeige – oder einem nutzerfreundlichen und aufs Wesentliche reduzierten Bewerbungsformular – mit einer mobil optimierten Karriereseite – mit schnellen Reaktionen und Bewerberkorrespondenz, die nicht dem Charme eines Finanzamtschreibens entspricht – mit empathischem Auftreten dem Bewerber gegenüber.

Selbstredend, dass Sie dabei authentisch und glaubwürdig agieren und nichts beschönigen! Das ist, was in der Partnersuche ebenso zählt wie im Bewerbungsprozess.

Viele sind davon noch weit entfernt. Die aber, die eine positive Candidate Experience realisieren, haben die Nase vorn. Alle anderen schreien weiterhin ‚Fachkräftemangel!'"

Bernd Kraft
Vice President General Manager, Monster Worldwide Deutschland GmbH
www.monster.de

„Candidate Experience ist ein Gamechanger: Candidate Experience ist bei Monster nicht nur ein Trendbegriff, sondern dahinter steckt aus unserer Perspektive eine neue Philosophie und eine andere Grundhaltung, die die Branche bewegen. Diesen Wandel müssen wir alle gemeinsam gestalten: Personaler, Dienstleister und auch die Kandidaten. Im Recruiting geht es immer darum, dass den Arbeitnehmern die besten Jobs und Unternehmen die besten Talente vermittelt werden: ein perfektes „Matching" also. Und zwar möglichst effizient und erfolgreich für beide Parteien. Angesichts der technischen und der gesellschaftlichen Entwicklungen verändert sich die Art und Weise dieser Vermittlung gerade fundamental. Die Kandidaten bekommen im Recruiting-Prozess eine neue Position – eine sehr starke Position. Die Spielregeln ändern sich, könnte man sagen. Das belegen auch wissenschaftliche Studien, wie die Recruiting-Trends.

Was ist zu tun? Wer das Thema ernst nimmt, muss nicht nur über die Bewerbungserfahrung reden, sondern sie auch selber erleben. Einige unserer Kunden haben erzählt, dass sie sich beim eigenen Unternehmen beworben haben … nicht immer mit den besten Erfahrungen. So konnten sie aber die einzelnen Kontaktpunkte analysieren und mit der Optimierung anfangen. Manchmal sind es ja nur kleine Dinge, die geändert werden müssten. Das war ihnen wichtig, festzuhalten: ‚Man muss nicht alles anders, sondern nur manche Sachen besser machen'. Ein schnelleres, individuelles Feedback auf den Bewerbungseingang kann im Wettbewerb um die besten Köpfe den entscheidenden Sympathiepunkt bringen, die Angabe eines direkten Ansprechpartners in der Stellenanzeige, die Möglichkeit, sich nur mit einer Kurzbewerbung vorzustellen, anstatt gleich die komplette Bewerbungsmappe zu übersenden.

Oder man kann von einem bekannten Vertriebs- und Marketingexperten lernen. Bill Gates hat gesagt: ‚Your most unhappy customers are your greatest source of learning.' Dem folgend müssten HR- und Fachabteilungen mit den Bewerbern in den kritischen

Dialog gehen, am besten mit denen, die man am liebsten eingestellt hätte, die aber aus welchen Gründen auch immer nicht den Weg zur Stellenausschreibung, den Weg durch das Bewerbermanagementformular oder zum eigentlichen Jobinterview gefunden haben.

Wir sehen, dass die Candidate Experience ein Trend ist, dem sich zunächst die Personalverantwortlichen intensiv widmen müssen. Aber auch wir als Lösungsanbieter richten unsere Produktstrategie konsequent daran aus, schaffen Angebote, die es Unternehmen einfacher machen, die richtigen Kanäle für die Ansprache der Kandidaten zu finden. Es ist viel aktive Hilfestellung durch Experten vonnöten, um die Recruiter mit neuen technische Werkzeugen (Stichworte: Big Data, Targeting, Sourcing) zu unterstützen sowie klare Handlungsempfehlungen in Sachen individuelle Ansprache der Kandidaten und Aufbau einer belastbaren Arbeitgebermarke zu geben.

Schlussendlich liefert uns der Begriff aber vor allem eine Möglichkeit, den Kandidaten noch mehr in den Fokus zu rücken und die Diskussion um die Zukunft des Recruitings weiterhin konstruktiv und kritisch zu führen, um einfach immer besser zu werden."

Henrik Zaborowski
hzaborowski – Recruitingcoaching und –umsetzung
www.hzaborowski.de
„Die Zukunft des Recruitings wird von zwei Elementen geprägt werden: Von Technologien und von den handelnden Menschen. Dabei ist es zu kurz gegriffen, bei Technologie nur an eine E-Recruiting-Software oder einen genialen Matching-Algorithmus (Roboter Recruiting) zu denken. Technologie beeinflusst jedes kleine Element der Candidate Experience: von der einfacheren Auffindbarkeit von zielgruppengerecht aufbereiteten (also individualisierten) Arbeitgeberinformationen, der einfacheren Kontaktaufnahme von potenziellen Bewerbern zu handelnden Personen (HR und/oder Fachbereich) des Arbeitgebers über einfache Bewerbungsmöglichkeiten (One-Click-Bewerbung) bis zum einfacheren Beziehungsmanagement (Talent Relationship Management, z. B. über soziale Netzwerke).

Technologie wird ganz viel möglich machen, was vor zehn Jahren noch undenkbar war und was wir auch heute erst in Ansätzen erahnen. Und erfahrungsgemäß wird die Technologie das sein, auf das die Arbeitgeber ihren Schwerpunkt setzen werden. Denn Technologie ist Software und Software ist berechenbar. Sie automatisiert Handlungsschritte und ist, richtig getestet, nahezu fehlerfrei. Das gibt Sicherheit. Und automatisiert wird immer dann, wenn man glaubt oder weiß, dass die Technologie zuverlässiger, fehlerloser arbeitet als der Mensch. Oder wenn Technologie einfach billiger ist.

Jetzt steht HR nicht gerade als beliebteste Organisationseinheit in den Unternehmen da. Die Bedeutung von HR für die Unternehmen wird seit Jahrzehnten diskutiert – und positiv ist HR da nur selten rausgekommen. Was glauben wir also, wem das Management mehr zutrauen wird, wenn es um das zukünftige Recruiting geht? Ich lasse die Antwort mal offen.

So notwendig der Einsatz besserer Technologie im Recruiting auch sein wird – ich bin persönlich fest davon überzeugt, dass die eigentlichen Erfolgsfaktoren für die zukünftigen Recruiting-Herausforderungen bei den Menschen liegen. Denn ein Bewerber entscheidet sich am Ende nicht für seinen neuen Arbeitgeber, weil der Prozess so schlank oder die eingesetzte Technologie so schick war, sondern weil das Gesamtpaket stimmte. Und das Gesamtpaket, das ergibt sich vor allem aus den handelnden Personen (HR und vor allem Fachbereich) und ihrer Entscheidungsfähigkeit und -macht, der Verlässlichkeit gemachter Aussagen, der entgegengebrachten Wertschätzung und der individuellen Interaktion auf Augenhöhe. Und weil das so ist, liegt die Zukunft eines Unternehmens in den Händen der rekrutierenden Menschen. Wenn Sie jetzt denken: ‚Oh Graus, das darf doch nicht wahr sein!‘, haben Sie vollkommen Recht.

Hier liegen aus meiner Erfahrung die größten Herausforderungen der Zukunft. Denn bisher wird Recruiting als isolierter Prozess verstanden, den ‚man mal eben so mitmacht‘ neben dem Tagesgeschäft beziehungsweise der nicht in das Gesamtverständnis des Unternehmens als Arbeitgeber eingebunden ist. Da hat der Fachbereich (und auch HR) im operativen Tagesgeschäft keine Zeit, sich auch noch um Bewerber zu kümmern. Im Employer Branding werden Aussagen gemacht, die schön klingen, aber keinen Bestand haben, und in HR sitzen vor allem Administrationsprofis und Werkstudenten.

Professionalität und wertschätzende Interaktion über den gesamten Recruiting-Prozess sind in den meisten Unternehmen noch eine Seltenheit. Das ist ein großes Problem für die Candidate Experience. Die Lösung liegt in der Aufwertung der Recruiting-Aufgaben und deren handelnden Personen. Dann klappt es auch mit den Bewerbern.“

14.2   Meine Einschätzung

Die größte Herausforderung für das Thema Candidate Experience wird in den nächsten Jahren die Frage sein, ob es in der Prioritätenliste der Arbeitgeber einen angemessenen Platz einnehmen wird. Dabei geht es mir weder um den Begriff noch um Modelle, sondern nur um den eindeutigen Fokus auf Bewerberbedürfnissen – vor, während und nach dem Bewerbungsprozess. Ansonsten werden auch in den nächsten Jahren alle reflexartig „Fachkräftemangel“ schreien, wenn die eigenen Stellen nicht besetzt werden.

Werden Personaler sich nun auch häufiger mal bei sich selbst bewerben, um festzuhalten, wie die eigenen Recruiting-Prozesse aussehen und wie die eigene Candidate Journey aussieht? Werden E-Recruiting-Systeme weiterhin der Inbegriff von schlechter Usability und mangelndem Bezug zu Bewerberbedürfnissen sein oder werden One-Klick-Bewerbungen und CV-Parsing dies ändern? Werden Arbeitgeber dazu bereit sein, für dieses Thema externes Know-how ins Boot zu holen oder weiter ihre eigenen Suppe kochen? Ich glaube, dass der Druck auf die Personalabteilungen groß genug werden wird, dass sie sich auch mit diesen Fragen beschäftigen müssen.

Ich möchte jedoch davor warnen, dass das Thema Candidate Experience als magisches Allheilmittel stilisiert wird. Es ist kein Tool, das man einführt und danach läuft alles besser. Es ist eine Geisteshaltung, die in die Köpfe der Prozessbeteiligten kommen muss und die danach handeln müssen – nur dann kann ein Candidate Experience Management langfristig den Erfolg bringen.

In der Praxis wird die größte Herausforderung sein, dass viele Unternehmen erstmals ein eigenes Candidate Experience Management integrieren wollen, aber nicht wissen wie. Wie gehe ich ein solches Projekt an? Wie groß wird der finanzielle und personelle Aufwand für ein solches Projekt? Woran erkenne ich einen professionellen Dienstleister, der mir bei dem Thema unterstützend unter die Arme greifen kann?

Ich hoffe, dass dieses Buch ein erster Schritt aus den Unübersichtlichkeiten ist, die dieses Thema mit sich bringt.

Tim Verhoeven leitet das Recruiting und Personalmarketing bei der Unternehmensberatung BearingPoint. Zuletzt war er als Personalleiter für sämtliche Personalangelegenheiten des Modekonzerns TKN verantwortlich und davor hat er mehrere Stationen durchlaufen in den Bereichen Recruiting und Personalmarketing u. a. beim internationalen Kommunikationskonzern Vodafone und dem Marktführer im Bereich der elektrischen Verbindungstechnik Weidmüller. Er ist ein Vorreiter in Deutschland zum Thema Candidate Experience – als Berater, Blogger (NochEinPersonalmarketingBlog), Autor und Redner.

Interessante weiterführende Quellen zum Thema Candidate Experience

Leseempfehlungen für alle, die sich nach diesem Buch weitergehend mit dem Thema Candidate Experience auseinandersetzen möchten und weitere Zahlen, Daten und Fakten für das eigene Candidate-Experience-Projekt suchen.

Tim Verhoeven

Zusammenfassung Ich biete hier eine Übersicht über die interessantesten und relevantesten nationalen und internationalen Studien, Umfrageergebnisse, Blogs und sonstigen Literaturempfehlungen rund um das Thema Candidate Experience mit jeweils einer kurzen Beschreibung. Jeder, der nach der Lektüre des Buches Lust auf mehr Informationen und detaillierteres Zahlenmaterial hat, ist bei diesen Quellen gut aufgehoben.

Studien und Umfragen

Es gibt eine Vielzahl von deutschsprachigen und internationalen Studien, welche sich mit Themen beschäftigen, die für das Thema Candidate Experience einen Mehrwert darstellen. Viele davon erscheinen auch jährlich neu, sodass man immer wieder mit aktuellen Daten arbeiten kann. Die Anzahl der Studien, insbesondere in Deutschland, nimmt so langsam zu. Einige Firmen wie Monster oder Careerbuilder haben international erprobte Studienformate auch in Deutschland eingeführt. Daneben gibt es seit den letzten ein bis zwei Jahren auch verhältnismäßig kleine Dienstleister, die eigene Studien zum Thema Candidate Experience in Auftrag geben. Auch wenn nicht bei allen Studien explizit der Begriff „Candidate Experience" benutzt wird, so geht es in diesen Fällen trotzdem um Inhalte wie Bewerberbedürfnisse. Diese Studien sind trotzdem für jeden, der sich mit dem Thema Candidate Experience beschäftigt, interessant. Die wichtigsten frei erwerblichen

© Springer Fachmedien Wiesbaden 2016
T. Verhoeven (Hrsg.), *Candidate Experience*, DOI 10.1007/978-3-658-08896-5

nationalen und internationalen Studien und Umfragen fasse ich hier in alphabetischer Reihenfolge zusammen:

360-Grad-Studie Recruiting 2014
Eine Studie, welche unter dem Motto „Was Personaler vermuten ... und Kandidaten tun" Bewerberpräferenzen und -gewohnheiten den Vorstellungen von Personalern über Präferenzen und Gewohnheiten gegenüberstellt. Gemeinsam durchgeführt von CareerBuilder Germany GmbH und der Fachzeitschrift Personalwirtschaft, in welcher 1500 Bewerber und rund 500 Personalverantwortliche im Jahr 2014 befragt wurden.
Zu beziehen über: www.careerbuilder.de

Bewerbungspraxis
Eine empirische Studie mit circa 7000 Teilnehmern über deren Bewerbungsgewohnheiten, -präferenzen und -verhalten; von der Monster Worldwide Deutschland GmbH und dem Center of Human Resources Information Systems (CHRIS) der Otto-Friedrich Universität Bamberg. Diese Studie erscheint jährlich seit mittlerweile zwölf Jahren und ist damit die älteste sich wiederholende Datenbasis, auf die man zurückgreifen kann. Über die Jahre hinweg haben an den Studien mehr als 115.000 Karriereinteressierte und Stellensuchende teilgenommen.
Zu beziehen über: www.monster.de (aktuelle Versionen als Download – ältere Version auf Anfrage)

Candidate Behavior Study
Eine Studie über Bewerbungsgewohnheiten und -präferenzen aus dem Jahr 2013, durchgeführt mit 5518 Kandidaten aus den USA. Bisher mehrmals durchgeführt von Careerbuilder LLC.
Zu beziehen über: www.careerbuilder.com

Candidate Experience Report
Jährlich erscheinende Studie aus den USA, in welcher Bewerber nach verschiedenen Dimensionen zu deren Candidate Experience befragt werden – die erste Version stammt aus dem Jahr 2011. Die aktuellste Version der Studie von Ed Newman, Elaine Orler, Gerry Crispin, Katherine Jones und Mark McMillan punktet mit Daten aus 46.000 Befragungen aus 2013. Mittlerweile die größte Befragung zu diesem Thema. Daneben gibt es auch die UK-Version mit den Daten aus circa 6000 Befragungen.
Zu beziehen über: www.thetalentboard.org

Candidate Experience Studie
Die Studie erschien bisher einmalig – im Jahr 2014 von meta HR und Stellenanzeigen.de. Studienautoren sind Christoph Athanas (meta HR) und Prof. Peter M. Wald (HTWK Leipzig), der die Untersuchung wissenschaftlich begleitete. Für die Studie wurden konkrete Bewerbungserlebnisse und -erwartungen von 1379 Personen ausgewertet.
Zu beziehen über: www.metahr.de

Candidate Experience aus Sicht des Arbeitgebers
Eine bisher einmal durchgeführte Studie aus dem Jahr 2014 über die Sicht von 48 Arbeitgebern auf das Thema Candidate Experience. Eine der wenigen Studien, welche sich ausschließlich auf den Blickwinkel von Arbeitgebern bei diesem Thema konzentriert. Durchgeführt von Textkernel BV.
       Zu beziehen über: www.textkernel.de

Creating a positive Candidate & New Hire Experience
Die Befragung wurde von North Coast 99 durchgeführt – rund 500 frisch eingestellte Mitarbeiter (drei zufällige Mitarbeiter pro teilnehmendem Unternehmen, welche vor weniger als einem Jahr den neuen Job begonnen haben) wurden über den davorliegenden Bewerbungsprozess, das spätere Onboarding und ihre Situation als frisch eingestiegener Mitarbeiter befragt. Die Befragung findet jedes Jahr statt.
       Zu finden auf: www.northcoast99.org

Global Assessment Trend Reports 2014
Jährlich stattfinde globale Studie von SHL US Inc. unter der Leitung von Tracy M. Kantrowitz, PhD, welche sich unter anderem mit dem Thema „What's the cost of a poor Candidate Experience?" auseinandersetzt. Befragt wurden 1406 HR-Professionals im Jahr 2014.
       Zu beziehen über: www.shl.com

The Candidate Experience 2013
Eine gemeinsame Studie von Better Placed HR, Blackbridge und der Personal-Fachzeitschrift Personnel Today, in welcher 995 Personaler aus Großbritannien zu ihrer eigenen Candidate Experience befragt wurden. Hervorzuheben ist neben der Tatsache, dass Personaler als Bewerber befragt wurden, auch die Tatsache, dass es auch Fragen gab, die mittels Net Promoter Score beantwortet werden mussten.
       Zu beziehen über: www.personneltoday.com

Was nervt Sie bei der Jobsuche
Eine bisher einmalig durchgeführte Befragung von 800 Kalaydo.de-Nutzern aus dem Jahr 2012 über die (Un-)Zufriedenheit mit Bewerbungsprozessen, von der Stellenanzeige bis zum Feedback nach einem Vorstellungsgespräch; von der Kalaydo GmbH & Co. KG.
       Zu beziehen über: www.kalaydo.de

Blogs und Webseiten

Bei einem solch aktuellen Thema gibt es neben Studien und Umfragen auch noch eine Vielzahl an Webseiten oder speziell Blogs, welche sich mit dem Thema Candidate Experience oder Teilbereichen davon auseinandersetzen. Da das Thema Candidate Experience mittlerweile zu einem Modewort geworden ist, wird man eine Vielzahl an Webseiten finden, die etwas mehr oder minder gehaltvolles zu diesem Thema schreiben. Anbei finden Sie eine Auswahl an empfehlenswerten nationalen und internationalen Webseiten, insbesondere Blogs zum Thema Candidate Experience in alphabetischer Reihenfolge:

Employer Reputation (Ina Ferber)
Auf Employer Reputation, dem Blog von Ina Ferber – Geschäftsführerin der Ferber Personalberatung, findet man immer wieder interessante Artikel – auch hin und wieder zum Thema Candidate Experience.
   www.employerreputation.de

LinkedIn Talent-Blog
Das englischsprachige Blog von LinkedIn ist eine sehr gute Möglichkeit, sich von internationalen Trends inspirieren zu lassen. Hier findet man immer wieder interessante Artikel über Auswahlprozesse oder explizites Candidate Experience Management von US-amerikanischen Unternehmen, über die man auf den gängigen deutschen Blogs nur selten etwas erfährt.
   www.talent.linkedin.com/blog

metaHR Blog (Christoph Athanas)
Christoph Athanas, Geschäftsführer der Meta HR Unternehmensberatung GmbH, gehört mittlerweile auch zu den Bloggern, die sich seit längerer Zeit mit dem Thema Candidate Experience beschäftigen und nicht erst in den letzten zwölf Monaten auf den Zug aufgesprungen sind.
   www.blog.metahr.de

Noch Ein Personalmarketing Blog (Tim Verhoeven)
Mein Blog zu allen Personalthemen – jedoch mit dem klaren Fokus auf dem Thema Candidate Experience. Gleichzeitig das deutschsprachige Blog, welches sich am längsten mit Artikeln zu diesem Thema beschäftigt. Hier findet man sowohl Texte zur Theorie als auch Praxisbeispiele zum Thema Candidate Experience.
   www.nocheinpersonalmarketingblog.blogspot.de

Personalmarketing2Null (Henner Knabenreich)
Das Blog von Henner Knabenreich ist eine Institution – aber nicht im Kontext von guter Candidate Experience. Vielmehr findet man auf diesem Blog eine Vielzahl von sehr bissigen Beispielen, wie man seine Candidate Experience besser nicht gestalten sollte. Von der Stellenanzeige, über das Bewerbermanagement-System bis hin zum Recruiting-Video findet man dort alles.
   www.personalmarketing2null.de

Personalblogger.net
Das gemeinschaftliche Blog-Projekt der Personalblogger-Community. Hierbei handelt es sich um einen Zusammenschluss von mehr als 50 Experten aus der deutschsprachigen

HR-Szene, die in regelmäßigen Abständen zu Themen aus dem Personalbereich bloggen. Neben mir sind dort unter anderem auch die Candidate-Experience-Experten Birger Meier und Dr. Jochen Kootz als Autoren aktiv.

www.personalblogger.net

Recrutainment-Blog (Jo Diercks)
Das Blog der CYQUEST GmbH zu den Themen Online-Assessment, Berufsorientierung und Employer Branding punktet vor allem mit spannenden Praxisbeispielen zu den Themen Recrutainment und Gamification.

www.blog.recrutainment.de

TalentBoard
Hier finden Sie neben interessanten Artikeln zum Thema Candidate Experience auch diverse Webinare, Workshops und sonstige Veranstaltungen sowie alle Informationen über die Candidate Experience Awards, welche es erstmalig auch in Deutschland geben wird.

www.thetalentboard.org

Weiterführende Literatur

Klassische Literatur zum Thema Candidate Experience ist rar gesät – im deutschsprachigen Raum ist sie noch seltener zu finden. Trotzdem gibt es ein paar wenige Werke, die ich hier hervorheben möchte, weil diese jeder gelesen haben sollte, der sich auch ein wenig mit der Theorie und dem Ursprung des Thema Candidate Experience auseinandersetzen möchte. Jeweils in alphabetischer Reihenfolge:

Crispin, Gerry/Mehler, Mark (2011): The Candidate Experience: What they say it is; What it really is; and, What it can be; a CareerCroads & Friends Monograph:
Eine Sammlung von englischsprachigen Texten zu verschiedenen Facetten des Themas Candidate Experience. Für Einsteiger empfehle ich den ersten Text aus dieser Monographie, welcher sich mit der Geschichte von Candidate Experience beschäftigt: „A History of the Candidate Experience: A Magical Mystery Tour".

Kootz, Dr. Jochen, (2014): Kundenorientiertes Personalrecruiting – Eine empirische Untersuchung unter besonderer Berücksichtigung von Customer Experience Management:
Die erste deutschsprachige wissenschaftliche Arbeit, welche sich ausgiebig mit dem Thema Candidate Experience beschäftigt. Insbesondere die theoretische Herleitung des Themas sucht ihresgleichen. Daneben ist besonders der eigene empirische Teil hervorzuheben, welcher einerseits aus der Analyse von 200 Karriereseiten besteht und andererseits eine inhaltliche Analyse von 30 qualitativen Interviews mit HR-Experten bietet.

Printed in Great Britain
by Amazon